JN162016

外来生物ずかん

監修／五箇 公一　　編著／ネイチャー&サイエンス

ほるぷ出版

も

く

じ

コラム

監修のことば

生きものは、移動し、ひろがることをくりかえすものです。どの生きものも、すむエリアをできるだけひろげ、あるいは、すみやすい環境を求めて移動し、自分たちの子孫を少しでも増やそうとします。ただし、どこまでもひろがることはできず、山や谷、川、海など、それぞれの生きものにとって、越えることのできない自然のバリアーにより、分布には制限がかかります。また、移動する速度も、それぞれの生きものの移動能力によって限界があります。こうした生きものの移動のさまざまな条件によって、それぞれの地域にすむ生きものの種類が決まってきて、長い時間をかけてその地域ならではの生態系が育まれました。そして、この地球上にさまざまな生きものが生息する状態、すなわち生物多様性がつくりだされてきたのです。

ところが今、わたしたち人間が、この生きものの分布と進化の歴史に大きな異変をもたらし始めています。人間が、船や飛行機、鉄道、道路など、さまざまな移動方法を発達させたことによって、これまで生きものの分布を制限していたバリアーがことごとく取りはらわれることになりました。さまざまな生きものたちが人間の手によって、山や川、海を越えて、大陸から大陸へ、島から島へと大移動を始めたのです。

ヨーロッパのハチがたった一晩で日本にやってくる —— そんな生きものの世界の常識をはるかに超えた距離と速度で生きものたちが移動をくりかえし、「外来生物」という環境問題がもたらされています。移動された生きものが、持ちこまれた先でどんどん増えて、もともといた生きもの（在来生物）と入れ替わり始めたのです。

人間の社会では、貿易の自由化によって、世界中どこにいても、どの国の生産物でも手に入れられる時代になってきました。これをグローバリゼーション（地球規模化）といいます。今、生きものの世界でもグローバリゼーションが進みつつあります。世界中に、特定の外来生物ばかりが増えていき、生きものの地域性・固有性が失われつつあります。その先にどんな未来が待っているのか、わたしたち人間には、予測できるだけの知識や経験がまだ十分にありません。なぜなら、こんな大規模な生きものの高速移動は地球史上、初めてのできごとだからです。

予測ができないならば、まずはこれ以上、外来生物を増やさず、地域の在来生物を守ることが、わたしたちにできる大切なこととなります。そのためには外来生物とはどんな生きものなのかを十分に知っておく必要があります。この本が、日本の生態系や生物多様性を守るために、外来生物とどのように向き合わなくてはならないかを考えるきっかけとなることを心から望みます。

国立環境研究所 生態リスク評価・対策研究室 室長
五箇 公一

外来生物とは何か

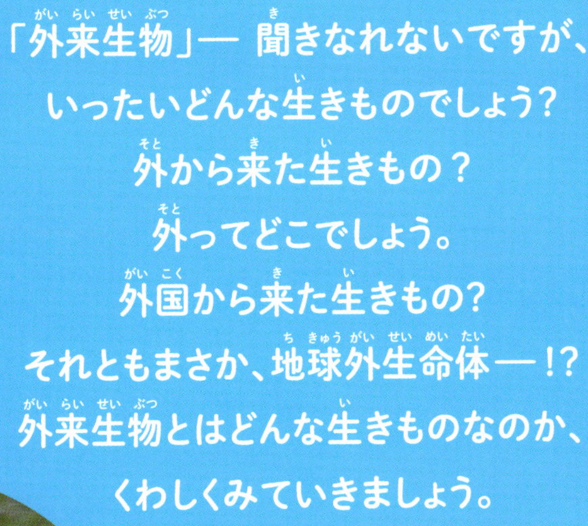

「外来生物」— 聞きなれないですが、
いったいどんな生きものでしょう？
外から来た生きもの？
外ってどこでしょう。
外国から来た生きもの？
それともまさか、地球外生命体—！？
外来生物とはどんな生きものなのか、
くわしくみていきましょう。

外来生物ってどんな生きもの？

外来生物と在来生物

わたしたちの身のまわりには、どんな生きものがいるでしょうか？

ペットのイヌやネコ。ハトやカラスなどの鳥。林にいるカブトムシやクワガタムシ。池や川にすむザリガニやカメ、魚たち。それら、身のまわりの生きもののなかに、もともと、そこにはすんでいなかった生きものがいることを知っていますか。

たとえば、アメリカザリガニは、その名のとおり、もともとアメリカの生きものです。かつて、アメリカから日本へ持ちこまれたものが、逃げたり、放されたりして、今では日本中にすんでいます（くわしくは78ページ）。アメリカザリガニのように、もともと、その地域にはいなくて、外から持ちこまれた生きものを「外来生物」（あるいは「外来種」）といいます。

日本にはザリガニのなかまがもともとすんでいます。北海道や東北のきれいな川にすむニホンザリガニです。ニホンザリガニのように、もともと、そこにすんでいる生きものを「在来生物」（あるいは「在来種」）といいます。どちらも同じザリガニのなかまですが、在来ザリガニと外来ザリガニには多くの違いがあります。

外来生物がやって来るとどうなるの？

外来生物問題を一緒に考えよう

外来生物がやって来るとどうなるのでしょう。生きものの種類が増えるのは、悪いことではないのでは？　よそ者だからといって、なかまはずれにするのはおかしいのでは？　在来生物と外来生物がなかよくすればいいのでは？　そう思うかもしれませんが、ことはそんなに簡単ではありません。じつは、外来生物はさまざまな問題を起こしているのです。

日本にはどんな外来生物がいるのか、外来生物はどのような問題を起こしているのか、問題を解決するためにどのような取り組みがなされているのか。この本は、いろいろな外来生物とそれに関わるさまざまな問題を紹介するずかんです。外来生物についてくわしくなったうえで、問題を解決するためにはどうしたらいいか。わたしたちにできることを一緒に考えましょう。

国内生まれの外来生物!?

外来生物は外国からやって来た生きものだけではありません。日本の在来生物であっても、国内のもともとすんでいない地域へ持ちこんでしまうと、それは外来生物になってしまいます。

たとえば、北海道と沖縄へ本州のカブトムシが持ちこまれて問題になっていたり（69ページ）、伊豆諸島の三宅島では、ニホンイタチを放したことで生態系※に大きな影響が出たりしています（40ページ）。

国内外を問わず、生きものを運んで放してしまうことが外来生物問題の根本的な原因なのです。

※生態系…ある場所にすんでいる生きものたちのつながり。

外来生物はどこにいる？

身のまわりは外来生物だらけ

じつは、わたしたちの身のまわりは外来生物だらけです。池や川で見かけるカメの多くは、アカミミガメという外来生物です。身のまわりでよく見かけるタンポポの多くも、セイヨウタンポポという外国のタンポポです。タンポポ以外にも多くの外来植物が、公園や道ばたなど身のまわりに生えています。街中にいるハトも、じつはドバトという外来生物ですし、野良のイヌやネコも外来生物です。外来生物は、家のまわりから街中、公園、池や川など、あらゆるところにすんでいるのです。

今、日本で確認されている外来生物は約2000種です。これだけ多くの外来生物、いつ、どこからやって来たのでしょう。

外来生物はどんなところにいるのでしょう。在来生物か、それとも外来生物かという視点で、あらためて身のまわりにすんでいる生きものを調べてみると、外来生物がじつに多いことがわかります。場所によっては在来生物より外来生物のほうが多いところも。 なぜ？ どうして？ こんなことになったのでしょう。

外来生物は身近なところに！

セイヨウタンポポ

ヨーロッパのタンポポが身のまわりに生えている。（くわしくは86ページ）。

道ばた

アカミミガメ

池にいる、頭の一部が赤いカメは外来のアカミミガメ。（くわしくは52ページ）。

池

ドバト

街や公園にいるドバトはじつは外来生物。

公園

見たことのない生きものもいれば、見なれた動物や植物が、意外にも外来生物だったということも。今まで気づいていなかったのではないでしょうか。

外来生物はどこから来たの？

外来生物は人が運んだ生きもの

わたしたちは世界中の国々と貿易し、さまざまな物を取引しています。その中には生きものもふくまれます。ペットとして売るため、あるいは動物園で来園者に見せるためなど、さまざまな目的で、外国からいろいろな生きものが運ばれてきます。それらが逃げ出したり、飼いきれなくなって放されたりして、「外来生物」として日本国内で野生化するなどしてきました。ほかにも、生きものが運ばれる理由はいろいろあります。

理由1 飼育のため

ぼくたちもペット用に運ばれてきたんだ

キョン

動物園がつぶれるなどし、飼育していた動物が逃げて、野生化した（くわしくは33ページ）。

アカミミガメ

ペットとして飼っていたものが逃げたり、体が大きくなって飼いきれなくなり、放されたりしたものが野生化した（くわしくは52ページ）。

人の生活に関わる理由で運ばれてきたんだね

それまでいなかった生きものが、ある日とつぜん、魔法のように現れることはありません。飛ぶことのできない動物や、そう遠くまでは飛べない昆虫が、遠い国から海をこえて日本へやって来ることもできません。でも、じっさいに約2000種もの外来生物が、わたしたちの身のまわりにいます。じつは、外来生物は自らやって来たのではなく、運ばれてきたのです。

理由 2

食用にするため

アメリカザリガニ

ウシガエルのエサにするために輸入されたものが、逃げ出した（くわしくは78ページ）。

ウシガエル

戦後、食べものが少ない時代、食用にするために輸入されたものが、逃げ出した（くわしくは58ページ）。

理由 3

衣服にするため

ヌートリア

毛皮にするために輸入されたものが、逃げ出した（くわしくは34ページ）。

理由 4

農業のため

セイヨウオオマルハナバチ

トマトの栽培に使われているハチが逃げ出している（くわしくは72ページ）。

理由5 趣味や娯楽のため

オオクチバス

釣りを楽しむために全国で放流された（くわしくは63ページ）。

アカボシゴマダラ

チョウを好きな人が野外に放してしまった（くわしくは66ページ）。

理由6 害獣対策のため

フイリマングース

ハブやネズミなどを駆除しようとして放された（くわしくは28ページ）。

いろいろな生きものが世界中から運ばれているんだね。

知らないうちに運ばれてしまった

国から国へ、物を運んでいるのは船や飛行機です。それら乗りものの中や、積みこまれた貨物や荷物に、小動物や昆虫、クモなどがまぎれこむことがあります。人が運ぶつもりがなかった生きものが、知らないうちに運ばれてしまうことがあるわけです。また、物だけでなく、多くの人たちが仕事や旅行で世界中を行き来します。その人たちの服や荷物に、知らないうちに植物の実がくっついていたとしたら……。空き地や公園などで草むらに少し入っただけで、服やくつにたくさんの植物の実がくっついたことはありませんか？　それは外国でも同じことです。海外旅行に出かけ、国内には生えていない植物の実を、知らないうちに「くっつけて」運んで帰国してしまうこともあるわけです。そうして運ばれて来た実がどこかで芽を出すと、外来の植物になってしまいます。

セアカゴケグモ

オーストラリアからの貨物にまぎれて運ばれたと考えられている（くわしくは76ページ）。

アレチウリ

輸入した大豆や穀物に種子がまざっていた（くわしくは97ページ）。

渡り鳥は在来生物

自らやって来る生きものは外来生物ではない

子育てをするために北へ、冬を越すために南へ。多くの鳥たちは季節に合わせて国境を越え、長い距離を移動します。これを鳥たちの「渡り」といいます。

ツバメは春に渡って来て子育てし、ひなが巣立って子育てが終わると、再び移動する「渡り鳥」です。キョクアジサシは最も長距離を移動する渡り鳥のひとつで、その移動距離はなんと約32,000キロにもおよびます。そんな長距離を渡るのも、北極圏と南極圏を1年もかけて往復するからです。

鳥だけでなく昆虫にも、長距離を移動するものがいます。アサギマダラは渡り鳥のように長距離を移動するチョウで、秋になると南へ移動し、なかには海を越えて台湾や香港に渡るものもいます。

渡り鳥やアサギマダラのように、自らの力で日本へ移動して来る生きものは外来生物にふくみません。

子育てのため、約32,000キロもの距離を旅するキョクアジサシ。

アサギマダラは渡りをするチョウで、海をも越えていく。

日本の生物も、外国では侵略的外来生物※

外来生物の問題は世界共通です。科学と技術が発達し、国際的に人と物の行き来がさかんになればなるほど、外来生物の問題も多くなります。ときには、日本の在来生物が外国で問題になることもあります。

クズは3枚1組の大きな葉をつけ、つるを伸ばしてひろがる日本在来の植物で、日本全国に生えています。わたしたちは、根を食べもの（くず切りの葛粉）や薬（かぜ薬の葛根湯など）として、また、繊維を布として、むかしから利用してきました。秋の七草のひとつにもなっています。クズは19世紀に開かれた万国博覧会のとき、アメリカに運ばれました。アメリカでは、クズは家や庭、緑化が必要な土地などに緑を増やすのに良いとされ、20世紀前半までは、もてはやされました。しかし、クズがしげる力はあまりにも強く、ほかの植物をどんどんおおって枯らしていきました。クズは定期的に刈り取って手入れしないと、しげりすぎてしまう植物なのです。今やアメリカでは、クズは迷惑な外来植物として「ジャパニーズ・グリーンモンスター（日本の化けもの植物）」というありがたくない名で呼ばれ、「侵略的外来生物」に指定されて、防除（増えひろがらないよう取り除くこと）が続けられています。

クズにすっかりおおわれてしまった、アメリカの納屋。

クズの花は美しい紫色で、甘い香りがするのだが。

※侵略的外来生物…生態系や人間の生活に悪い影響をおよぼす外来生物。

外来生物が起こす問題って?!

在来生物が食べられてしまう

外来生物は新たにすみついた場所で生きるために、もともといた在来生物を食べてしまいます。植物が食べられてしまうこともありますし、昆虫や魚、鳥などが食べられてしまうこともあります。また、世界でも日本にしか生息していない生きものや、数が少なく、絶滅が心配されている生きものなど、貴重な在来生物が食べられてしまうこともあります。外来生物におそわれる在来生物は、今まで出会ったことのない天敵の出現にすぐに対応できず、うまく身を守ることができません。

オオクチバス ···> モツゴ

在来魚のモツゴを捕食した、外来生物のオオクチバス。

ヌートリア ···> ヨシ

在来植物のヨシを食べる、外来生物のヌートリア。

外国から日本へ、あるいは国内のある地域からほかの地域へ、人によって運ばれたのが外来生物です。外来生物がすみつくと、どうして困るのでしょう。もともとすんでいなかったところでは、外来生物がくらしてはいけないのでしょうか。じつは、全国各地でこんな問題が起きています。

在来生物のすむ場所や食べものがうばわれる

外来生物が入ってくると、食べものやすみかをめぐって、在来生物との間で競争が起こります（競合といいます）。競合の結果、食べものやすみかをうばわれた在来生物は、うまくくらしていくことができなくなってしまいます。外来植物が在来植物と競合し、在来植物が生えている環境をうばってしまうこともあります。

ガビチョウ ····> ウグイス

外来生物のガビチョウによって、在来生物のウグイスのすむ場所がうばわれると考えられている。

ワタシのウチよー!!

ウグイス

アレチウリ ····> 在来植物

外来植物のアレチウリは、在来植物をおおって枯らしてしまう。

環境が壊され、災害の原因にもなってしまう

外来生物によって在来植物が食べられてしまうことそのものも問題ですが、植物がなくなって地面が丸はだかになると、雨が降ったときに土が流されやすくなって、土地が崩れて地形が変わってしまったり、川や海に土砂が流れ込んだりして、環境が壊されてしまうことも問題です。それは、洪水や土砂崩れなど災害の原因にもなります。また、外来生物が穴をあけることで、土手や石垣が崩れるような危険性もあります。

ヌートリア ⋯› 水辺の環境

外来生物のヌートリアは水辺に巣穴を掘って、土手や石垣に穴をあけてしまう。

ノヤギ ⋯› 島の環境

無人島に放したノヤギがどんどん増え、植物を食べつくしてしまい、地面が丸はだかになってしまった。

交雑によって純血が失われる

別の種類の生きものどうしが交尾することを「交雑」といいます。外来生物には、在来生物と交雑できるものがいますが、交雑によって生まれた子どもは、純すいな遺伝子※をもつ在来生物ではありません。交雑で生まれたものが増えていくと、純すいな遺伝子をもつ在来生物が減り、絶滅のおそれが出てくることもあります。

クサガメ ⋯> ニホンイシガメ

外来のクサガメと在来のニホンイシガメの交雑種。
俗に「ウンキュウ」と呼ばれる。

クサガメ

ニホンイシガメ

人に害をおよぼす

外来生物が、今まで国内にいなかった寄生虫やウイルスを運んで来たり、今までなかった新しい病気をはびこらせて、人や在来生物に害をおよぼすことがあります。また、かみついたり、ひっかいたりして、人に直接危害を加えることも。なかには毒をもっている危険な生きものもいます。

セアカゴケグモ ⋯> 人

セアカゴケグモは毒をもっている。
かまれると重症になることもあるので、
見つけても手を出さないようにしよう。

※遺伝子…生きものの体のつくりやはたらきを決めている情報物質。細胞の中にあって、細胞が分裂するごとにコピーがつくられる。

産業に被害をおよぼす

外来生物が農作物を食べてしまったり、あぜをこわしたりして、農業に被害をおよぼすことがあります。また、外来魚が在来魚を食べてしまい、漁業に被害をおよぼすこともありますし、木を枯らしてしまい、林業に被害をおよぼす外来生物もいます。

アライグマ ⋯> 農業

アライグマに食べられてしまったスイカ。穴に手をつっこみ、器用に中身をかき出して食べたことがわかる。

大好物

オオクチバス ⋯> 漁業

オオクチバスが増えることで、大切な漁業資源であるニゴロブナや、ワカサギなどの在来魚がとれなくなってしまう。

ニゴロブナがとれなくなると、滋賀県の郷土料理である「鮒ずし」を作ることができなくなってしまう。

でも

外来生物は悪い生きものではない！

ワタシたちも悪者じゃないのよ！

外来生物は、さまざまな被害や問題を起こしますが、決して悪い生きものではありません。もともとすんでいた原産地では、在来生物としてくらしています。外来生物問題の原因は、人間による生きものの移動です。さまざまな理由で人間が生きものを運んだり、放したりしてしまうから、問題が起きるのです。もともとすんでいないところに連れて来られた生きものは、生きるためにその環境で食べられるものを探して食べます。これは当たり前のことです。どの生きものだって、生きるために必死だからです。

大きな問題を起こす外来生物をそのまま放っておくわけにはいきませんが、決して外来生物を悪者扱いすることのないようにしましょう。

なぜ問題が起きるの？

自然界の生態系は、さまざまな生きものたちが長い年月のなかで「食べる」「食べられる」をくりかえしてきてできたバランスで成り立っています。食べられてしまう側の生きものは、敵から身を守るすべを身につけたり、敵に食べつくされないように子どもをたくさん生んだりします。

食べる側の生きものも、食べる生きものを捕まえる知恵を身につけます。自分たちの種を残していくための両者の知恵くらべが、さまざまな生きものたちの間で長い年月をかけて複雑に行われてきて、生態系のバランスが保たれています。

その生態系に今までいなかった外来生物が入ると、このバランスが崩れます。今まで存在しなかった未知の敵に対して、在来生物には身を守るすべがなく、ある種が絶滅の危機におちいってしまうこともあるのです。

そして、その原因は人間の活動にあります。生きものたちは生きようとしているだけで、問題を起こすつもりなどないのです。

外来生物ずかん
アメリカオニアザミ
EUROPE
セイヨウオオマルハナバチ
セイヨウタンポポ
コブハクチョウ
キショウブ
ノヤギ
チチュウカイミドリガニ
ASIA
アオマツムシ
チュウゴクモクズガニ
ホソオアゲハ
外国産メジロ
アカボシゴマダラ
チュウゴクオオサンショウウオ
ソウギョ
チョウセンイタチ
ソウシチョウ
クサガメ
タイリクバラタナゴ
フイリマングース
インドクジャク
外国産テナガコガネ類
カオジロガビチョウ
キョン
ノネコ
アカゲザル
ハクビシン
タイワンザル
AFRICA
ホンセイインコ
ガビチョウ
タイワンハブ
ツマアカスズメバチ
タイワンリス
シロアゴガエル
INDIAN OCEAN
外国産カブトムシ・クワガタムシ類
アフリカマイマイ
イチイヅタ
オオキバナカタバミ
ボタンウキクサ
セアカゴケグモ
OCEANIA
外来生物たち

ARCTIC OCEAN
NORTH AMERICA
PACIFIC OCEAN
ATLANTIC OCEAN
SOUTH AMERICA
ウチダザリガニ
カナダガン
アライグマ
アレチウリ
アメリカセンダングサ
アメリカミンク
マスクラット
オオクチバス
オオオナモミ
ウシガエル
オオキンケイギク
セイタカアワダチソウ
オオブタクサ
ヒメジョオン
ブルーギル
グリーンアノール
イチイヅタ
アカミミガメ
ワニガメ
アメリカザリガニ
カダヤシ
カミツキガメ
イチイヅタ
オオヒキガエル
スクミリンゴガイ
ノハカタカラクサ
オオアレチノギク
ヌートリア
アカヒアリ
アルゼンチンアリ
ホテイアオイ
オオカナダモ
世界各地から日本へ持ちこまれた
外来生物の中で代表的な70種について、
そのふるさとを世界地図上に
おおまかに示してみました。
この後のずかんページで
くわしく見ていきましょう。
のふるさと

ずかんの見方
1
2
3
4
ほ乳類
Nutria
ヌートリア
特
緊
衣
大きなネズミは泳ぎが得意
5
●分類
ヌートリア科ヌートリア属
●もともとの分布 南アメリカ(チリ、アルゼンチン、ボリビア、ブラジル南部)
●日本での分布
中部以西の各地
●すんでいる環境
河川、湖、沼
南西諸島
伊豆諸島
小笠原諸島
●大きさ
尾長 30〜40cm
頭胴長 50〜70cm
6
7
ヌートリアは水辺にすむ大型のネズミのなかまです。泳ぎが得意で、水生植物の茎や根を好んで食べます。戦時中、毛皮をとるために日本へ持ちこまれました。西日本を中心に約4万頭が飼育されましたが、戦後に毛皮が必要とされなくなると、逃げたり放されたりして野生化しました。
どんな被害があるの？
絶滅危惧種のトンボにも影響
水生植物を食べてしまい、そこをすみかにしている絶滅危惧種のトンボが少なくなるなどの被害が出ています。また、作物を食べてしまい、農業に被害をおよぼしたり、巣穴を掘って堤防や土手に穴をあけてしまったりもします。
8
カピバラに似ているけれど…
人気のカピバラに似ていますが、気が荒く、オレンジ色の鋭い歯をもっているので、見かけても近づかないようにしましょう。
34

1 その生きものが含まれる生物群(グループ)を示しています

2 英名 … 外国で呼ばれる英語の名前です

3 和名 … 日本で標準的に呼ばれる名前です

4

あか のマーク　外来生物法での指定

特 … 特定外来生物に指定されています
要 … かつて要注意外来生物に指定されていました

※くわしくは106ページ

あお のマーク　生態系被害防止 外来種リストでの指定

侵 … 侵入予防外来種
定 … 定着予防外来種
緊 … 緊急対策外来種
重 … 重点対策外来種
産 … 産業管理外来種
総 … そのほかの総合対策外来種

※くわしくは109ページ

みどり のマーク　持ちこまれた理由

飼 … 動物園や企業、個人の飼育
観 … 観賞用
食 … 食用
衣 … 衣料用
農 … 農業用
遊 … 趣味や娯楽
敵 … 天敵
移 … 貨物や荷物にふくまれ、意図せず移動
除 … 除草用
不 … 不明

5 生きもののデータ

- 分類 … 分類学上のグループ(科・属)
- もともとの分布 … 本来すんでいる地域
- 日本での分布 … 日本国内で定着している地域
  (地図上の赤い部分)
  ※ただし、色がついている地域全体に分布するわけではありません。
- すんでいる環境 … 日本でおもにすみついている環境

情報が多い生きものは
見開き(2ページ)で
紹介しています

6 その生きものの大きさ(cm)
種類によって大きさの示し方が異なります
(例:鳥のなかまは全長で、カメのなかまは甲羅の長さ)

7 どんな生きものか、何を食べるか、
持ちこまれた時期や理由などを
解説しています

8 どんな被害があるかや、
その生きものの生態について紹介しています

ほ乳類

Common Raccoon

アライグマ

かわいらしいけど、
やんちゃな
いたずら者

●分類
アライグマ科アライグマ属

●もともとの分布
北～中央アメリカ（カナダ南部～パナマ）

●日本での分布
北海道～九州の各地

●すんでいる環境
森、水辺、市街地など

●大きさ

アライグマはタヌキに似た中型の動物で、水辺を好み、木登りが得意です。小動物や鳥、ザリガニ、カニ、果実、野菜などいろいろなものを食べます。ペットとして販売したり、動物園で展示したりするため、日本へ持ちこまれました。テレビアニメ人気で、飼育ブームになったことも。

指が長くて、手先が器用

アライグマは指が長いので、前足を上手に使って食べ物をつかんで食べます。木登りも得意です。

アライグマとタヌキの見分け方

外来生物のアライグマと
在来生物のタヌキは、
一見似ていますが、
よく見ると異なる特徴があります。

ポイント ❶
しっぽ
アライグマのしっぽは、しましまですが、タヌキのしっぽには、しまがありません。

ポイント ❷
顔のもよう
アライグマの鼻すじには黒い線があり、目のまわりのもようとつながっていますが、タヌキの鼻すじには黒い線がなく、目のまわりのもようは離れています。

どんな被害があるの？

かわいらしいアライグマですが、在来生物や農作物を食べてしまうなど、多くの問題を起こしています。

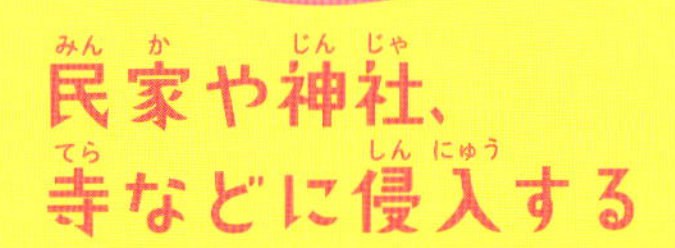

神社の屋根裏にすみついたアライグマ。屋根裏は荒らされ、ふんで汚され、柱にはつめあとがつけられてしまった。

在来生物を捕食してしまう

絶滅危惧種※のニホンイシガメが何匹も食べられてしまったこともあります。

食べものを洗って食べると思われているが、水辺で獲物を探しているのが見間違えられている。

民家や神社、寺などに侵入する

アライグマは民家の屋根裏や縁の下などにすみつくことがあります。また、寺や神社など、歴史的建造物にすみつき、文化財を傷つけることもあります。

民家の屋根裏で休むアライグマ。

農作物を食べてしまう

甘い野菜や果物を特に好んで食べます。

アライグマにかじられてしまったトウモロコシ。

絶対にさわらない

アライグマは体内に寄生虫をもち、おそろしい感染症も運びます。絶対にさわらないようにしましょう。

※絶滅危惧種…数が少なくて絶滅しそうな生きもの。

ほ乳類

Small Indian Mongoose

フイリマングース

●分類
マングース科エジプトマングース属

●もともとの分布
アジア南部(アラビア半島～中国南部)

●日本での分布
沖縄、鹿児島(奄美大島、本土)

●すんでいる環境
海岸、森林、草原、農地

●大きさ

フイリマングースは細長い体をした、イタチに似た動物で、動きがとてもすばやいのが特徴です。アジア南部の広い範囲にすんでいます。雑食性で、昆虫や小動物、鳥などのほか、果物も食べます。猛毒をもつヘビであるハブや、農作物を荒らすネズミ退治を期待され、沖縄や鹿児島県の奄美大島で放されました。

どんな被害があるの？

希少な生きものを捕食してしまう

ハブを食べることはほとんどなく、沖縄ではヤンバルクイナやノグチゲラ、奄美大島ではアマミノクロウサギなど、絶滅危惧種をおそって食べてしまいます。

アマミノクロウサギ

世界で奄美大島と徳之島だけにしかいないウサギのなかま。夜行性で、おもに森の中でくらしている。島の開発が進んで、すむ場所がなくなったり、マングースにおそわれたりして数が少なくなっている。

ヤンバルクイナ

世界で沖縄だけにしかいない貴重な鳥で、おもに地上で行動するクイナのなかま。1981年に新種として発見された。天敵がいなかった沖縄では飛んで逃げる必要がなく、翼は退化して短い。ほとんど飛ぶことができず、突然現れた天敵、マングースにおそわれてしまう。

American Mink

アメリカミンク

特 重 衣

ほ乳類

分類
イタチ科イタチ属

もともとの分布
北アメリカ

日本での分布 北海道全域、宮城、福島、群馬、長野各県の一部

すんでいる環境
海岸、河川、沼、湖など

アメリカミンクは水辺にすむイタチのなかまで、泳ぎが得意です。動物食で、小動物や鳥、カニ、魚などを食べます。日本へは毛皮をとるために持ちこまれました。1928年頃、北海道へ持ちこまれたのが最初で、その後、各地に飼育施設ができました。1960年代以降、各地で野生化が確認されました。

泳ぎが得意

イタチのなかまでは特に泳ぎが得意。30m以上泳ぐことができ、5mくらいの深さの潜水もできる。

どんな被害があるの？

養鶏場・養魚場、在来生物がおそわれる

飼育されているニワトリや魚がおそわれたり、水鳥の卵やひな、絶滅危惧種のニホンザリガニなどの在来生物が食べられたりしてしまいます。

Taiwan Macaque

タイワンザル

●分類
オナガザル科マカク属

●もともとの分布
台湾

●日本での分布
伊豆大島、静岡、和歌山

●すんでいる環境
平地林、山地林

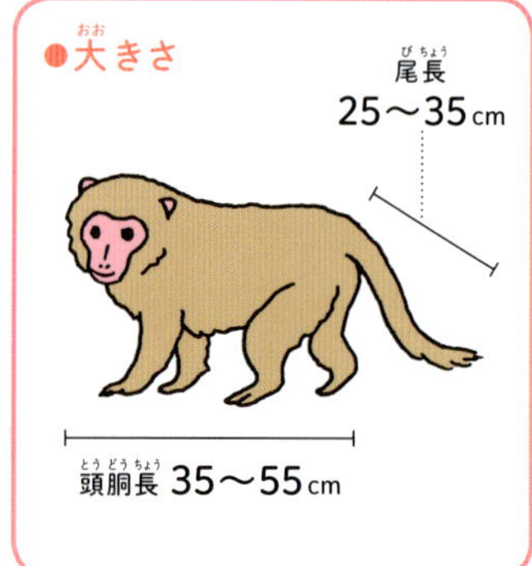

タイワンザルは名前のとおり、もともと台湾にすんでいるサルのなかまです。雑食性で、植物や昆虫、小動物などを食べます。在来生物のニホンザルによく似ていますが、ニホンザルよりも尾が長いのが特徴です。動物園が閉鎖され、飼育されていたサルが逃げ出したり、観光のために放されたりしました。1950年代には和歌山県で野生化し、1971年ごろからは青森県の下北半島で放し飼いのようにされていました。

どんな被害があるの？

交雑によって生まれたサルは尾の長さがいろいろ（写真左・中）。ニホンザルは尾が短い（写真右）。

ニホンザルと交雑してしまう

和歌山県ではタイワンザルと日本在来のニホンザルの交雑が確認されました。交雑によって、ニホンザルの遺伝子の純血が失われるおそれがあります。

Rhesus Monkey

アカゲザル

特 緊 飼

●分類
オナガザル科マカク属

●もともとの分布
アジア南部（アフガニスタン〜中国南部）

●日本での分布
房総半島南部

●すんでいる環境
森林、農地

南西諸島
伊豆諸島
小笠原諸島

●大きさ
尾長 18〜25cm
頭胴長 40〜62cm

アカゲザルはタイワンザルと同じように尾が長いサルで、毛が赤っぽいのが特徴です。雑食性で、木の芽や葉、実、トカゲ、昆虫などを食べます。アカゲザルは実験動物として広く利用されます。アメリカでは1960年にアカゲザルをロケットに乗せ、有人宇宙飛行の実験が行われました。日本へは動物園で展示したり、実験動物として利用したりするために持ちこまれました。飼育されていたものが逃げ出して、千葉県の房総半島南部で野生化しました。

どんな影響があるの？

天然記念物のニホンザルに影響

房総半島のニホンザルは天然記念物に指定されていますが、アカゲザルがすみついたことで交雑してしまい、その純血がおびやかされています。

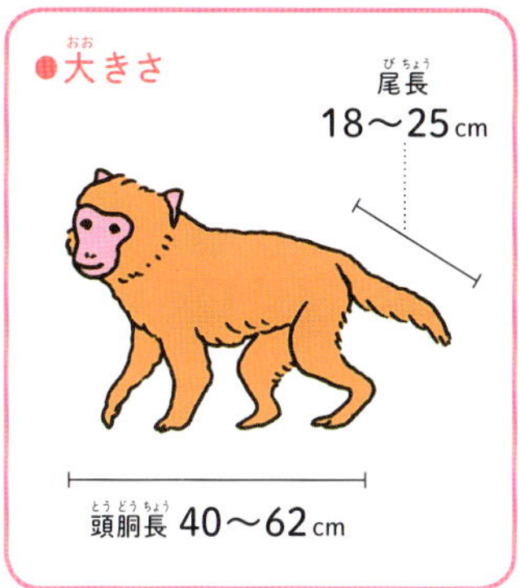

ニホンザルの群れの中で生まれたと考えられる交雑種のメス。

ほ乳類

Formosan Squirrel

タイワンリス（クリハラリス）

よく鳴く
大型のリス

●分類
リス科ハイガシラリス属

●もともとの分布
台湾

●日本での分布
埼玉以西の各県

●すんでいる環境
市街地、公園、平地林

タイワンリスは、インドから台湾にかけて広くすんでいるクリハラリスのうち、台湾にすんでいる種類です。雑食性で、木の実や種、皮、昆虫などを食べます。伊豆大島の動物園で飼育されていたリスが1935年に逃げ出したのが最初で、その後も動物園や個人が飼育していたものが逃げたり、放されたりしました。

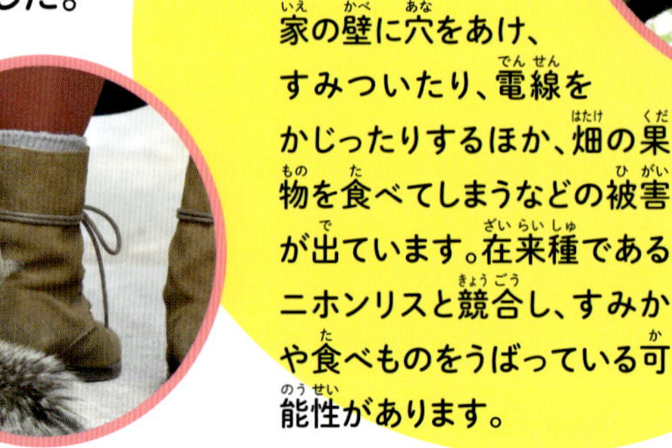

市街地では人に慣れきっていて、まったくおそれないリスもいる。

どんな被害があるの？

いろいろなものをかじる

家の壁に穴をあけ、すみついたり、電線をかじったりするほか、畑の果物を食べてしまうなどの被害が出ています。在来種であるニホンリスと競合し、すみかや食べものをうばっている可能性があります。

樹木の皮を食べてしまうので、木が枯れてしまうことがある。

Reeves's Muntjac

キョン

●分類
シカ科ホエジカ属

●もともとの分布
中国南東部、台湾

●日本での分布
房総半島南部、伊豆大島

●すんでいる環境
森林

●大きさ

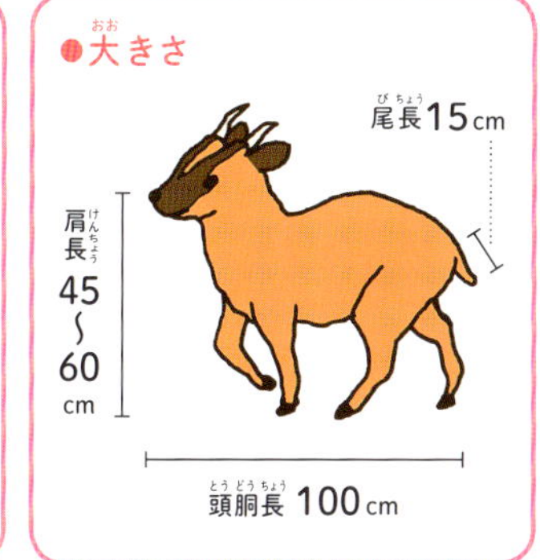

キョンは小型のシカのなかまで、在来のニホンジカとは違って、群れをつくらずにくらします。草食性で、木の葉や実などを食べます。大きな声でイヌのようにほえることから「ホエジカ」の別名で呼ばれることがあります。1960〜1980年代の間に房総半島南部で、1970年代に伊豆大島で、それぞれ動物園で飼育されていたものが逃げ出して野生化しました。

オスには角がある。

どんな被害があるの？

在来植物や農作物を食べてしまう

房総半島では在来植物を食べてしまうことで在来種のニホンジカと競合するほか、ヤマビルやダニを運んでしまうという一面もあります。伊豆大島では島固有の在来植物を食べてしまい、生態系をこわします。どちらの地域でも農業被害が出ています。千葉県では捕獲を続けていますが、捕まえている数よりも、増える数のほうが多いので、問題がなかなか解決しません。

ほ乳類

Nutria

ヌートリア

●分類
ヌートリア科ヌートリア属

●もともとの分布　南アメリカ（チリ、アルゼンチン、ボリビア、ブラジル南部）

●日本での分布
中部以西の各地

●すんでいる環境
河川、湖、沼

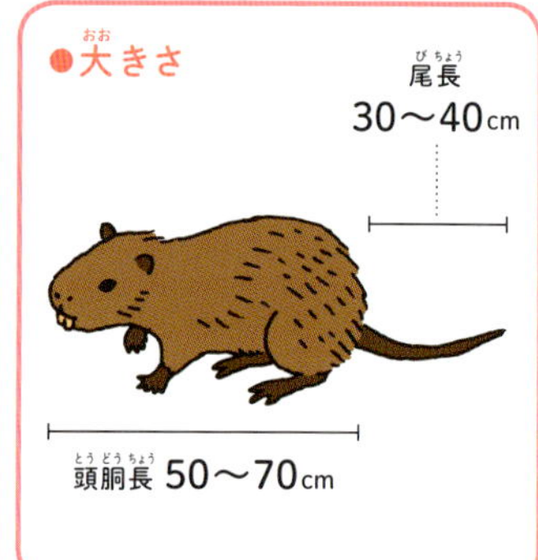

ヌートリアは水辺にすむ大型のネズミのなかまです。泳ぎが得意で、水生植物の茎や根を好んで食べます。戦時中、毛皮をとるために日本へ持ちこまれました。西日本を中心に約4万頭が飼育されましたが、戦後に毛皮が必要とされなくなると、逃げたり放されたりして野生化しました。

カピバラに似ているけれど…

人気のカピバラに似ていますが、気が荒く、オレンジ色の鋭い歯をもっているので、見かけても近づかないようにしましょう。

どんな被害があるの？

絶滅危惧種のトンボにも影響

水生植物を食べてしまい、そこをすみかにしている絶滅危惧種のトンボが少なくなるなどの被害が出ています。また、作物を食べてしまい、農業に被害をおよぼしたり、巣穴を掘って堤防や土手に穴をあけてしまったりもします。

Muskrat

マスクラット

特 重 衣

ほ乳類

●分類
ネズミ科マスクラット属

●もともとの分布
北アメリカ

●日本での分布
東京、埼玉、千葉の一部

●すんでいる環境
河川、沼、ハス田

マスクラットは水辺にすむネズミのなかまです。泳ぎが得意で、ヨシやガマ、ハスなどの茎や根を食べる植物食です。戦時中、毛皮をとるために日本へ持ちこまれました。東京、埼玉、千葉のハス田などにすんでいましたが、開発によってすみかがどんどん減り、今では限られた場所だけにしかすんでいません。

イギリスでは根絶された

ヌートリアと同じように、堤防や土手を掘って穴をあけてしまいます。イギリスでは、マスクラットが穴をあけてダムを壊し、鉄道にも影響するなど危険だったので、わなをたくさん仕かけ、すべて捕まえること(根絶)に成功しました。

どんな被害があるの？

レンコンが食べられてしまう

毛皮用に飼育されていたものが、逃げたり放されたりして江戸川流域で野生化しました。水生植物を食べてしまうほか、かつてはハス(レンコン)などの農作物を食べてしまう被害も出ていました。

ほ乳類

Masked Palm Civet

ハクビシン

●分類
ジャコウネコ科ハクビシン属

●もともとの分布
ヒマラヤ、東南アジア、中国、台湾

●日本での分布
北海道〜九州

●すんでいる環境
市街地から山地の林まで

●大きさ

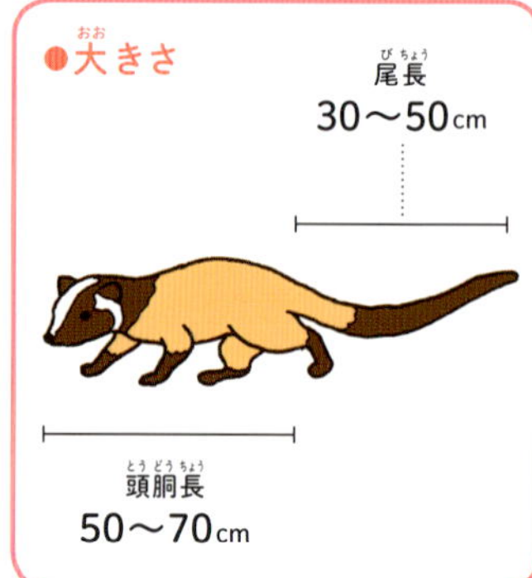

ハクビシンは体が細長く、尾が長い動物で、顔のまん中に白い線が通っているのが目立ちます。雑食性で、昆虫や魚、鳥、小動物、木の実など、いろいろなものを食べます。木登りが得意で、木の上の実や種を食べます。日本のハクビシンの一部は台湾のものと同じタイプだということがわかっていますが、いつ日本へ持ちこまれたかはわかっていません。

どんな被害があるの？

迷惑ないそうろう

住宅や寺に侵入し、屋根裏などにすみつきます。尿とフンで汚し、迷惑をかけるいそうろうです。

フルーツ大好き

何でも食べますが、特に果物を好みます。木登りが得意なので、木の高いところの実も食べることができます。果樹園や庭木の果物が食べられてしまう被害が出ています。

ハクビシンに出会うかも!?

ハクビシンは街にすんでいる野生動物のひとつです。
もしかしたら、どこかでハクビシンに出会うことがあるかもしれません。

← 緑の多い公園の木の上で日中どうどうと昼寝をしていた。

観察していると、やがてのそのそと起きだし、木からおりてやぶの中へ入り、姿を消した。→

↑ 朝、住宅街に近い公園内を横切っていった。最初は野良ネコだと思ったが、体が細長く、尾がとても長いのでハクビシンだとわかった。

ハクビシンは夜行性ですが、明るい時間に行動することもあります。目の前を横切ったネコ、ひょっとして、体としっぽが細長かったのではありませんか？

ほ乳類

Goat

ノヤギ（ヤギ）

緊　飼

●分類
ウシ科ヤギ属

●もともとの分布
西アジア、地中海沿岸

●日本での分布
伊豆諸島、小笠原諸島、南西諸島など

●すんでいる環境
森林、草原など

●大きさ

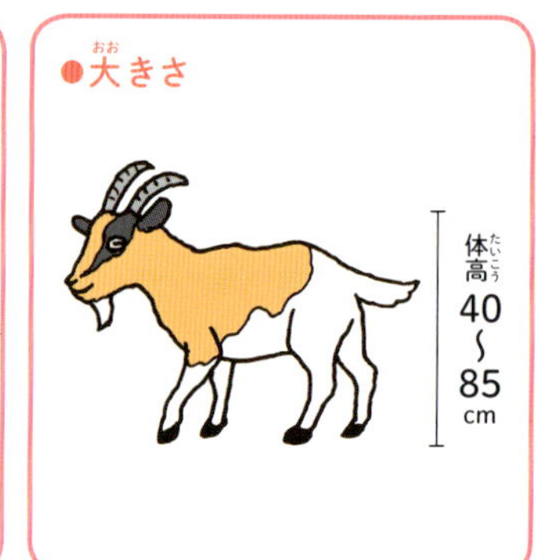

世界中で家畜として広く飼育されているヤギは、おとなしい草食動物です。食欲がおうせいで、草や木の葉、茎のほか、根までほじくり出して食べます。1日に自分の体重の1割ほども植物を食べるのです。肉や乳など、わたしたちの役に立ってくれるヤギですが、野生化すると問題が起きます。

ノヤギによって植物が食べつくされ、赤土がむき出しになった様子。希少な植物が食べられてしまったうえ、赤土が海に流れこんでしまった。写真左手は赤土が流れこんで赤く染まった入り江（小笠原諸島、媒島）。

どんな被害があるの？

植物を食べつくし、環境を破壊してしまう

ノヤギは小笠原諸島や伊豆諸島など、島で大きな問題になりました。島にはノヤギをおそって食べる動物がいないので、どんどん増え、島の植物を食い荒らしたり、踏みつけて枯らしたりしたのです。島にしか生えない貴重な植物は食べられ、ほかの生きものにも影響が出ました。植物が食べつくされた地面は、雨が降ると土が流れ出し、海に流れこんで、サンゴを死なせてしまいました。本土にはない貴重な生態系が破壊されるのを放っておくことはできず、東京都は90年代後半から小笠原諸島のノヤギ対策に取り組んでいます。

Cat

ノネコ（ネコ）

ほ乳類

写真：アマミノクロウサギをくわえるノネコ

●分類
ネコ科ネコ属

●もともとの分布
中東のリビアヤマネコを家畜化

●日本での分布
全国

●すんでいる環境
市街地、森林にも

南西諸島
伊豆諸島
小笠原諸島

●大きさ
肩高 25〜28cm
頭胴長 50〜60cm

人とネコの付き合いは約1万年前から始まりました。穀物を荒らし、伝染病を運ぶネズミを退治してくれる動物として、飼われるようになったのです。飼いネコが野生化したのがノネコです。街で暮らしている野良ネコは生態系にとって大きな問題になりませんが、貴重な生きものがすんでいる島になると話は別です。ノネコは、奄美大島ではアマミノクロウサギを、沖縄本島ではヤンバルクイナやノグチゲラなどの鳥をおそって食べています。これらの在来生物は、世界でもここにしかすんでいない貴重な生きものです。また、対馬にしかいない絶滅危惧種のツシマヤマネコの一部からは「ネコ免疫不全ウイルス（FIV）」が検出されました。調べた結果、ノネコからウイルスが感染したことがわかっています。

無人カメラに写ったノネコ

かわいいペットも放せば外来生物

イヌが野生化したノイヌもアマミノクロウサギを食べてしまっていることが確認されていますし、貴重な植物が生えている環境にウサギを放せば食べてしまいます。かわいらしいペット動物も、放してしまえば外来生物として問題になるのです。

道路をさまよっていたノイヌ

カイウサギ

ほ乳類

Japanese Weasel

ニホンイタチ

●分類
イタチ科イタチ属

●もともとの分布
本州、四国、九州、一部の島

●日本での分布
ほぼ全国

●すんでいる環境
農地、森林、河川敷など

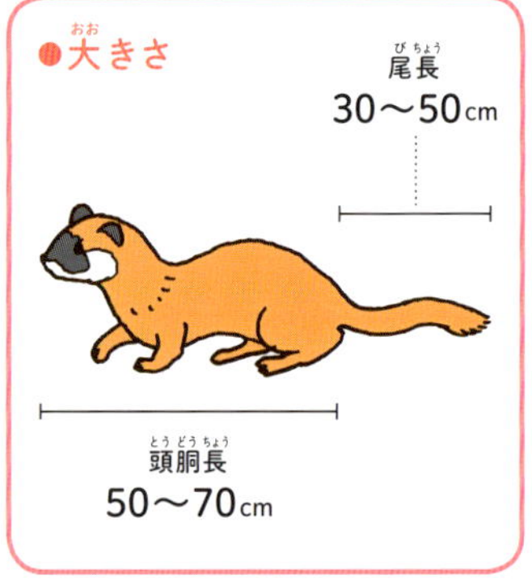

ニホンイタチは水辺にすむ、体の細長い動物です。動物食で、ネズミやカエル、トカゲ、鳥、魚、ザリガニなどを捕らえて食べます。ニホンイタチは日本の在来生物ですが、すんでいない地域もあります。ニホンイタチがすんでいなかった伊豆諸島の三宅島では、ネズミによる農業被害を解決するためにニホンイタチを放したことで深刻な問題が起きました。

島では外来生物の影響が特に大きい

島は大陸から離れているので、そこにすむ生きものは長い年月を経て、大陸とは異なる独自の進化をします。その島だけにしかいない貴重な固有の在来生物が多くなるのですが、そのいっぽう、島に今までいなかった捕食者が外来生物として入ってくると、在来生物は急に対応できず、逃げ場もなく、身を守るすべがなくなってしまいます。世界各地の島で多くの種が、外来生物によって絶滅させられてきました。

何が起こったの？

島の貴重な生きものがおそわれた

三宅島ではネズミによる農業被害に長年悩まされていました。ネズミを退治しようとして、70年代から80年代にかけてニホンイタチを放したことで問題が起きました。生きものは、捕まえやすい生きものからどんどんおそって食べるものです。イタチがネズミだけをねらうことなどありえません。ニホンイタチは、ネズミだけでなく、島の貴重な生きものをおそって食べてしまったのです。在来生物の鳥やトカゲが大きな被害を受けました。日本の在来生物であっても、すんでいない地域に放せば外来生物。そこでは問題が起きるのです。

三宅島でコゲラの巣をおそうニホンイタチ。

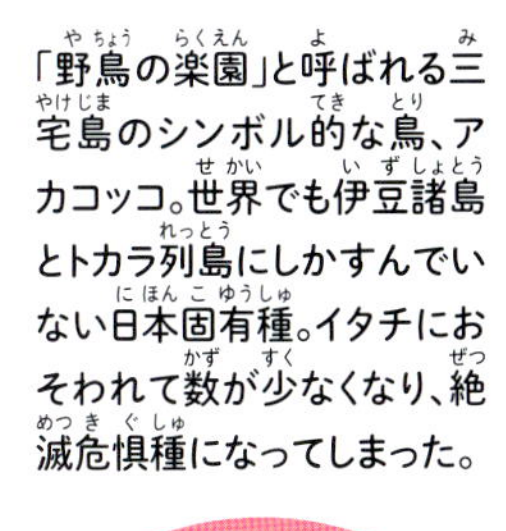

「野鳥の楽園」と呼ばれる三宅島のシンボル的な鳥、アカコッコ。世界でも伊豆諸島とトカラ列島にしかすんでいない日本固有種。イタチにおそわれて数が少なくなり、絶滅危惧種になってしまった。

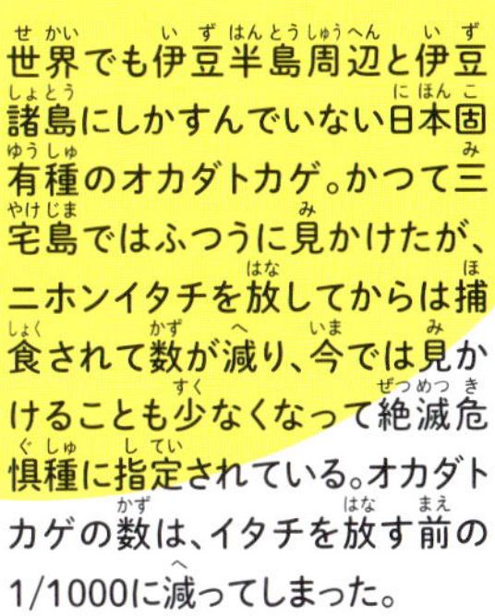

世界でも伊豆半島周辺と伊豆諸島にしかすんでいない日本固有種のオカダトカゲ。かつて三宅島ではふつうに見かけたが、ニホンイタチを放してからは捕食されて数が減り、今では見かけることも少なくなって絶滅危惧種に指定されている。オカダトカゲの数は、イタチを放す前の1/1000に減ってしまった。

ウグイスは笹の葉を使ってやぶの中に巣をつくる。

巣をかける位置が以前よりも2.5倍も高くなった。

どんな影響があるの？

ウグイスが巣をかける位置が高くなってきた

三宅島にイタチが放たれてから10年後に調べたところ、ウグイスが巣をかける位置が、以前よりも約2.5倍高くなっていることがわかりました。イタチにおそわれないため、できるだけ地上から離れた位置に巣をかけるよう、くらしを変えてきたのです。ただ、巣を高くすると、別の敵であるカラスにねらわれやすくなったり、巣に卵を産みつけるホトトギスに見つかりやすくなったりします。上にも下にも敵がいて、ウグイスには試練が続きます。

ほ乳類

Siberian Weasel

チョウセンイタチ

●分類
イタチ科イタチ属

●もともとの分布
東アジア、朝鮮半島、対馬

●日本での分布
本州中部以南、四国、九州

●すんでいる環境
市街地、農地、森林

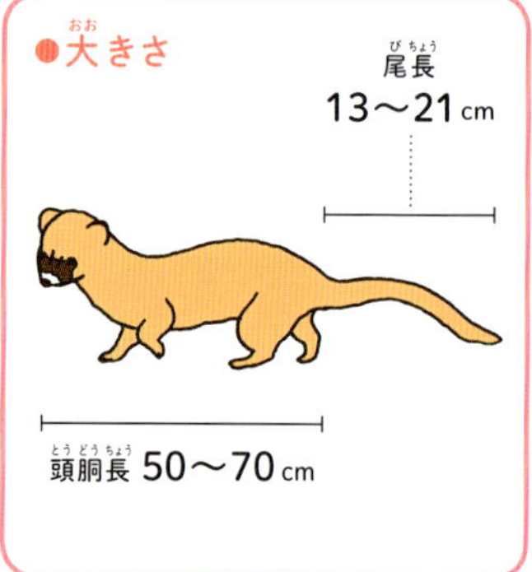

チョウセンイタチは東アジアから朝鮮半島、日本の対馬にすんでいます。在来のニホンイタチよりも体が一回り大きく、尾も長いのが特徴です。雑食性で、昆虫や小動物、鳥、木の実などを幅広く食べます。かつて、毛皮をとるために持ちこまれたものが逃げたり、放されたりして野生化しました。チョウセンイタチはニホンイタチに比べてすむ場所を選ばず、街中でもくらすことができ、民家の屋根裏に侵入することもあります。

どんな被害があるの？

ニホンイタチを追いやってしまう

在来のニホンイタチのすみかや食べものをうばい、追いやってしまいます。チョウセンイタチがすむ地域では、ニホンイタチは山に追いやられていることがわかっています。

Rose-necked Parakeet

ホンセイインコ

総 飼

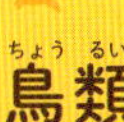

鳥類

街の上空を
飛び回る、
緑色のインコ

●分類
オウム科ホンセイインコ属

●もともとの分布
インド、スリランカ

●日本での分布
中部以西の各地

●すんでいる環境
市街地

●大きさ

ホンセイインコは羽が緑色のインコのなかまで、本来はインドやスリランカにすんでいます。植物食で、果実や種子、芽などを食べますが、原産地では農作物を荒らす害鳥として扱われています。飼い鳥として国内へ持ちこまれたものが、逃げ出したり、放されたりして野生化しました。市街地にすみつき、「キャラキャラ」と大きな声で鳴きながら飛び回っています。

集団でねぐらをとる

日中は数羽で行動し、木の実などを食べます。夕方になると集まって、集団でねぐらをとります。ケヤキの大木やイチョウ並木などをねぐらにしています。

どんな被害があるの？

トチノキの実を器用にかじるホンセイインコ。

在来植物を食べてしまう

植物食のホンセイインコは、エノキやミズキ、トチノキなどの在来植物の実を食べてしまいます。サクラの花の蜜も大好きです。食べものをめぐって、在来鳥と競合しているのです。

鳥類

Chinese Hwamei

ガビチョウ

にぎやかな
さえずり

●分類
チメドリ科ガビチョウ属

●もともとの分布
中国、台湾、東南アジア

●日本での分布
宮城以南の本州、四国、九州の各地

●すんでいる環境
河川敷、平地から丘陵の林

●大きさ

ガビチョウは茶色っぽい羽をした、目のまわりの白い線が目立つ中型の鳥で、昆虫類や果実、種子などを食べる雑食性です。大きな声で長くさえずるのが特徴で、古くから飼い鳥にされ、江戸時代に国内へ持ちこまれました。飼育されていたものが逃げたり、放されたりして野生化しました。

どんな被害があるの？

在来鳥が減ってしまう？

ガビチョウはやぶを好むので、アカハラやウグイスなど、やぶを好む在来鳥と競合する可能性が考えられます。ハワイでは、ガビチョウが侵入したことで、ハワイミツスイという在来の鳥の数が減っていることがわかっています。

特 重 飼

そのほかのガビチョウのなかま

Masked Laughingthrush

カオグロガビチョウ

●分類
チメドリ科ガビチョウ属

●もともとの分布
中国、ベトナム

●日本での分布
岩手および関東各県

●すんでいる環境
山地林、平地林、農地

●大きさ

全長 30cm

カオグロガビチョウはガビチョウのなかまで、ガビチョウよりも大型です。全体的に灰色の羽で、目のまわりが黒いのが特徴です。飼い鳥として日本へ持ちこまれたものが、逃げたり、放されたりして野生化しました。

White-browed Laughingthrush

カオジロガビチョウ

●分類
チメドリ科ガビチョウ属

●もともとの分布
インド、中国、東南アジア

●日本での分布
北関東、千葉

●すんでいる環境
市街地、公園、平地林、農地

●大きさ

全長 23cm

カオジロガビチョウはガビチョウのなかまで、ガビチョウよりも少し小さめです。全体的に明るい茶色の羽で、目のまわりが白いのが特徴です。飼い鳥として日本へ持ちこまれたものが、逃げたり、放されたりして野生化しました。

鳥類

Red-billed Leiothrix

ソウシチョウ

特 重 飼

●分類
チメドリ科ソウシチョウ属

●もともとの分布
中国、東南アジア、インド、ヒマラヤ

●日本での分布
山形以南の本州、四国、九州

●すんでいる環境
山地林、平地林

●大きさ

ソウシチョウはカラフルな羽をした小鳥で、小さな体ながら、大きな声でさえずります。昆虫類、果実、種子などを食べる雑食性です。鳴き声も姿も美しいことから人気がある小鳥で、国内へは江戸時代に持ちこまれ、飼育されていたものが逃げたり、放されたりして野生化しました。競合するといわれる在来鳥のウグイスが単独で行動するのに対し、ソウシチョウは10～30羽ほどの群れで行動しますので、ウグイスにとっては不利だと考えられます。

ホトトギス

どんな影響があるの？

ホトトギスに影響する？

ソウシチョウはやぶを好み、地上で食べ物を探すくらしをしています。高い木の上にすみ、体も大きなホトトギスには一見関わりがないように思えますが、じつは影響があります。ソウシチョウと競合して減ってしまうといわれているのは、同じようにやぶを好む在来鳥、ウグイスです。ホトトギスはウグイスの巣に卵を産み、子育てさせるので（托卵）、ソウシチョウが増えてウグイスが減れば、ホトトギスも減ってしまう可能性があります。

White-eye

外国産メジロ

要 定 飼

鳥類

写真：チョウセンメジロ

在来鳥が、いつの間にか外来鳥にすり替えられる

●分類
メジロ科メジロ属

●もともとの分布
朝鮮半島、中国、台湾、東南アジアなど

●日本での分布
不明

●すんでいる環境
市街地、農地、平地林など

今後、定着するおそれあり

●大きさ

全長 12cm

メジロはスズメより小さい鳥で、緑色や黄色の羽をしていて、目のまわりが白くふちどられています。昆虫も木の実も食べ、特に花の蜜を好みます。美しい声で長くさえずるので、かつては人気の飼い鳥で、さえずりを競わせる「鳴き合わせ」がさかんでした（今は飼育が禁止されている）。日本とは別の種類のメジロが外国にもすんでいて、飼い鳥として日本へ持ちこまれています。

すり替えのための持ちこみ

国内では野鳥を捕まえたり、飼うことが禁止されています。メジロも同じですが、外国からメジロを輸入することは認められています。これが悪用され、日本で密猟されたメジロが、外国から輸入したメジロとすり替えて売られるという事件がありました。すり替えられた外国産のメジロが野外に放されれば、日本のメジロとの交雑種ができてしまうかもしれません。

シンガポールのペットショップで販売されている外国産メジロ。

鳥類

Mute Swan

コブハクチョウ

●分類
カモ科ハクチョウ属

●もともとの分布　ヨーロッパ西部、中央アジア、モンゴル、シベリア

●日本での分布
北海道〜九州にかけての各地

●すんでいる環境
沼、湖、河川

コブハクチョウは白い羽毛をもつ大型の鳥で、赤みのあるオレンジ色のくちばしの上に黒いこぶがあるのが特徴です。1933年に野生の鳥が伊豆八丈島へ飛んで来た記録が一度だけありますが、今、全国各地にすんでいるのは、飼育していた鳥が逃げたり、放されたりして野生化したものです。ハクチョウのなかまのオオハクチョウとコハクチョウは冬を越すため、秋に日本へ渡ってきて、春までに去る渡り鳥ですが、コブハクチョウは一年中国内にいます。

どんな被害があるの？

在来植物を食べてしまったり、ハクチョウ類やカモ類、オオヒシクイなど、ほかの水鳥と競合し、追い払ったり、食べものをうばったりする可能性があります。

ひなが見られる

ハクチョウのなかまは冬鳥なので、ふつう日本で冬を越し、ロシア北東部で子育てします。子育ての頃には日本にいないので、ひなを見ることはできないのですが、コブハクチョウは一年中国内にいるので、ひなを連れて泳ぐ姿を観察することができます。ひなはかわいいですが、あくまで外来生物。大きくなったら、どこかほかの沼や池、川などに移動してなわばりをもち、在来植物を食べてしまうなど問題を起こすかもしれません。

Canada Goose

カナダガン

特 緊 飼

鳥類

●分類
カモ科コクガン属

●もともとの分布
北アメリカ

●日本での分布（かつて）
茨城、神奈川、山梨、静岡

●すんでいる環境
沼、湖、河川

●大きさ

カナダガンは大型の水鳥で、体の羽が茶色、首から頭にかけては黒色で、ほおに入った白く太い線が目立ちます。植物食で、水草の根や茎、葉、実などを食べます。飼育していた鳥が逃げたり、放されたりして、国内の湖や公園の池などにすんでいましたが、2015年末に防除が完了し、根絶することに成功しました。

カナダガンはかつて、富士五湖で見られた。その姿はもうない。

どんな被害があるの？

シジュウカラガンを交雑から守れ！

ガンやカモのなかまは交雑しやすく、同じコクガンのなかまのシジュウカラガンと交雑してしまうおそれがありました。実際に交雑が確認されたことで、カナダガンは特定外来生物に指定され、防除されました。

カナダガンとガチョウの交雑種。

鳥類

Indian Peafowl

インドクジャク

- **分類**
  キジ科クジャク属
- **もともとの分布** パキスタン、インド、スリランカ、ネパール、バングラデシュ
- **日本での分布**
  本州、四国の一部、大隅諸島、先島諸島
- **すんでいる環境**
  低山の林、草原、農地

インドクジャクはキジのなかまで大型の鳥です。オスは光沢があって美しい羽をもつうえ、目玉模様のある飾り羽を100～150本ほどもっていて、おうぎ形に広げてメスにアピールします。展示のために国内の動物園などで飼われていたものが、一部で逃げ出して野生化しています。

小豆島（香川県）の森を歩くインドクジャク。

どんな被害があるの？

島の希少な生きものが食べられている

沖縄の宮古諸島や八重山諸島では、昆虫類や絶滅危惧種のトカゲが食べられてしまって数が減ったり、農作物が食い荒らされたりする被害が出ています。

Reeves'pond Turtle

クサガメ

●分類
イシガメ科イシガメ属

●もともとの分布
朝鮮半島、中国

●日本での分布
ほぼ全国

●すんでいる環境
沼、池、湖、河川など

●大きさ

クサガメは中型のカメで、捕まえると、くさいにおいを出すのでクサガメと名づけられました。雑食性で、貝や水生昆虫、ザリガニ、水草などを食べます。アカミミガメ(52ページ)と共に身のまわりでよく見かけるカメで、在来種か外来種かがはっきりしませんでしたが、研究が進み、外来種ということがわかりました。

どんな被害があるの?

ウンキュウが生まれる

さまざまな在来生物を食べてしまったり、在来種のニホンイシガメと競合するうえ、交雑してしまいます。交雑種はウンキュウと呼ばれます。

右:在来種のニホンイシガメ/中:外来種のクサガメ/左:ニホンイシガメとクサガメの交雑種、ウンキュウ

ゼニガメとして売られたクサガメ

クサガメは江戸時代に朝鮮半島から持ちこまれ、西日本の一部にすみつきました。また、かつて在来種のニホンイシガメが「ゼニガメ」の名でペットとして売られていましたが、開発や環境の悪化で数が減り、とれなくなりました。そのため、戦後に中国から輸入したクサガメがゼニガメとして売られるようになりました。それが野外に放されて、全国の身近な場所にクサガメがすむようになったのです。

は虫類

Common Slider

アカミミガメ

●分類
ヌマガメ科アカミミガメ属

●もともとの分布
北アメリカ

●日本での分布
ほぼ全国

●すんでいる環境
沼、池、湖、河川など

●大きさ

アカミミガメ（ミシシッピアカミミガメ）は名前のとおり、頭の両わきが赤いのが特徴の中型のカメで雑食性です。子ガメが「ミドリガメ」としてペット用に売られ、多い年には年間で100万匹も輸入されました。小さい頃はかわいいのですが、成長するととても大きくなります。性格も攻撃的になり、飼いきれなくなって放してしまう人が少なくありません。

どんな被害があるの？

魚、カエル、エビ、水生昆虫から水生植物、水鳥のひなまで、さまざまな在来生物を食べてしまい、ニホンイシガメなど、在来のカメの食べものやすみかをうばってしまいます。ほかのカメの卵を食べてしまう習性もあります。

アカミミガメが集まり、日光浴の場所をとっている。

まめ知識

在来の水生植物、ヒシが大復活

徳島県鳴門市の水路では、アカミミガメを防除した結果、ヒシが復活して生えてきました。今までは生えてきてもアカミミガメに食べられてしまっていたのです。

アカミミガメを防除する前の水路（2012年）

アカミミガメを防除した後の水路（2013年）

Snapping Turtle

カミツキガメ

●分類	カミツキガメ科カミツキガメ属
●もともとの分布	北アメリカ～南アメリカ
●日本での分布	千葉、静岡
●すんでいる環境	沼、池、河川

●大きさ

カミツキガメは、するどい爪とくちばしをもつ大型のカメです。雑食性で、魚、カエル、エビ、水生昆虫などのほか、水草や藻も食べます。アカミミガメ（左ページ）と同じように、ペット用に売られてきました。成長するととても大きくなり、性格が攻撃的になります。飼いきれなくなった人が放したことで日本国内で野生化しています。

どんな被害があるの？

在来生物にかみつく

さまざまな在来生物を食べてしまいます。ニホンイシガメなど、在来のカメの食べものやすむ場所をうばってしまうだけでなく、小型のカメを食べてしまうこともあります。

水中では意外におとなしいが、水から上げると攻撃的になり、あばれてかみつこうとする。大きいものにかまれると大けがをするので、決して手を出さないこと。

は虫類

Alligator Snapping Turtle

ワニガメ

待ちぶせして
魚を釣るカメ

●分類
カミツキガメ科カミツキガメ属

●もともとの分布
北アメリカ

●日本での分布
未定着

●すんでいる環境
沼、湖、河川

●大きさ

ワニガメは体重100kgを超えることもある大型のカメで、大きなとげのある甲羅が特徴です。雑食性で、魚やカエル、エビ、水草などを食べますが、あまり動かず、待ちぶせ型の狩りをします。国内へはペットとして輸入され、飼いきれなくなったものが捨てられました。日本では外来生物のワニガメですが、原産国のアメリカでは開発などによる環境の悪化で数が減っていて、絶滅が心配されています。そのため、国際的に条約や法律で保護され、輸入や飼育には許可が必要です。

魚の釣り方はアンコウと同じ

海水魚のアンコウのなかまは、頭に「エスカ」という、やわらかい突起があります。これを釣り具の「擬似餌」のようにゆらして魚を誘い、食べ物だと思って寄ってきた魚を丸のみにします。ワニガメもこれと同じような待ちぶせ型の狩りをします。ワニガメの舌はミミズに似ています。大きく口を開け、舌をゆらして誘い、近づいてきた獲物を一気に丸のみにするのです。

エスカで魚を誘うアンコウのなかま。

ミミズに似た赤い舌を使う。

Taiwan Pit Viper

タイワンハブ

特 緊 飼 食

沖縄に定着した
外国の毒ヘビ

●分類
クサリヘビ科ハブ属

●もともとの分布
台湾、中国南部

●日本での分布
沖縄本島

●すんでいる環境
森林、農地など

●大きさ

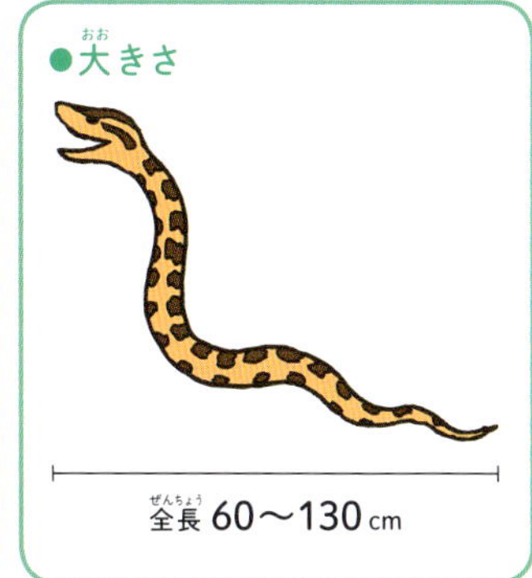

タイワンハブは毒をもつハブという種類のヘビのなかまです。夜行性で、鳥や小動物、カエルなどを捕食します。かつて、ハブ酒の原料にしたり、観光施設で展示したりするために1970〜1990年代なかばまで沖縄へ輸入されていました。マングース（28ページ）と闘わせるショーにも使われました。

赤外線を感じることができる

ピット器官

ハブやマムシのなかまなどは「ピット器官」をもち、赤外線を感じることができます。よく見えない暗やみでも、獲物の体温を感じて狩りをすることができるのです。

どんな被害があるの？

サキシマハブと交雑する

鳥、小動物などを中心に在来生物が食べられてしまうほか、日本在来のサキシマハブと交雑するおそれがあります。

Green Anole

グリーンアノール

希少な在来生物を
食べてしまう
緑色のトカゲ

●分類
イグアナ科アノールトカゲ属

●もともとの分布
北アメリカ

●日本での分布
小笠原諸島、沖縄本島

●すんでいる環境
市街地、農地

●大きさ

全長 12〜20 cm

グリーンアノールはあざやかな緑色の体をしたトカゲです。住宅や農地の木の上でくらし、日中行動して、昆虫やクモなどを捕まえて食べます。国内へは貨物にまぎれこんで運ばれたとも、ペットとして飼っていたものが逃げたり、放されたりしたとも考えられています。

どんな被害があるの?

小笠原にしかいない
オガサワラゼミを食べる
グリーンアノール。

小笠原の希少な生きものが危ない

小笠原は長い年月の間に独自の進化を遂げ「東洋のガラパゴス」とも呼ばれる島々です。世界中でも小笠原にしかいない希少な生きものが多いのですが、グリーンアノールはこれらをどんどん食べてしまいます。

グリーンアノールの体色

グリーンアノールは、まわりの環境や状況に応じて、体の色をすぐに変えることができます。また、オスは紫色をしたのどを広げ、メスに求愛します。

茶色に変わった体の色

オスのあざやかな紫色ののど

Chinese Giant Salamander

チュウゴクオオサンショウウオ

両生類

●分類
オオサンショウウオ科オオサンショウウオ属

●もともとの分布
中国

●日本での分布
京都

●すんでいる環境
河川(中・上流域)

●大きさ

全長 100 cm

チュウゴクオオサンショウウオは大型のサンショウウオのなかまで、世界最大級の両生類です。一生のほとんどを水中でくらし、おもに夜間に行動します。川の中・上流域の岩穴がある環境を好み、小さいうちは浅いところ、大きくなると深いところでくらします。いつの間にか、日本在来のオオサンショウウオがすむ西日本の川にまぎれこんでいました。

オオサンショウウオの狩り

オオサンショウウオの動きはゆっくりですが、目の前を動くものが通ると、すばやく吸い込んで丸のみにしてしまいます。水生昆虫や魚、エビ、カニ、カエルなどを食べます。

どんな被害があるの？

写真はオオサンショウウオ。

日本のオオサンショウウオが危ない

チュウゴクオオサンショウウオと日本在来のオオサンショウウオが交雑するおそれがあります。日本固有の遺伝子は守られなければなりません。すでに京都の川では交雑種が見つかっています。

両生類

American Bullfrog

ウシガエル

ウシのような声で
鳴くカエル

●分類
アカガエル科アカガエル属

●もともとの分布
北アメリカ

●日本での分布
ほぼ全国

●すんでいる環境
池、沼、湖など

●大きさ

ウシガエルは大型のカエルです。昆虫やザリガニ、魚、小型のヘビまで、いろいろと食べます。夜行性で、日中はものかげにかくれています。「ボォーボォー」とウシのような低い声で鳴くのでウシガエルと名づけられました。1918年に食用として持ちこまれましたが、逃げ出したり、放たれたりしました。

アメリカザリガニとの関係

ウシガエルを養殖していた時代に、ウシガエルのエサにしようと考えて持ちこまれたのがアメリカザリガニ（78ページ）。今ではウシガエルと共に、全国の水辺にひろがってしまいました。

アメリカザリガニを食べるウシガエル。

どんな被害があるの？

ほかのカエルを追い出してしまう

池や沼のあらゆる生きものを食べてしまうので、増えてしまうと在来生物に大きな影響を与えてしまいます。秋田県のある池では、それまで見られていた在来種のモリアオガエルが見られなくなってしまいました。

White-lipped Treefrog

シロアゴガエル

特 重 移

両生類

●分類
アオガエル科シロアゴガエル属

●もともとの分布
ネパール東部、インド東部、中国南部、フィリピン

●日本での分布
沖縄諸島

●すんでいる環境
住宅地、農地、平地林など

●大きさ

体長 5～7cm

シロアゴガエルは体の細長いカエルです。木の上にいることが多いですが、地上や水の中にいることもあります。夜行性で「グギィー グギィー」と鳴き、昆虫などを食べます。木の枝先などに泡状の卵のかたまりを産みつけます。1964年に沖縄の米軍基地周辺で初めて見つかりました。米軍の貨物にまぎれこんで運ばれて来たと考えられています。ペットとして売られていたこともあり、その後、沖縄本島と周辺の島にひろがっています。

どんな被害があるの？

寄生虫に注意

シロアゴガエルは、日本にはいない寄生虫をもっていることが確認されています。在来生物の捕食や競合だけでなく、在来のカエル類や、シロアゴガエルを食べる鳥類や動物が寄生虫に寄生されるおそれがあります。

両生類

Cane Toad

オオヒキガエル

強い毒をもつ
ヒキガエル

●分類
ヒキガエル科ナンベイヒキガエル属

●もともとの分布
北アメリカ～南アメリカ

●日本での分布
小笠原諸島、大東諸島、先島諸島

●すんでいる環境
池や沼、サトウキビ畑、林のふちなど

●大きさ

オオヒキガエルは大型のカエルです。昆虫やトカゲ、同じカエルのほか、ネズミやヘビまで、いろいろな生きものを食べます。農作物を荒らすネズミを退治してもらうため、かつて大東島や石垣島に持ちこまれたものが増え、貨物などにまぎれこんで周辺の島にもひろがっています。

いざというときは毒液で攻撃！

目の後ろのほうの耳線というところから毒を出すことができ、敵におそわれたときには毒を飛ばすこともできます。散歩中のイヌがうっかり近づいたりすると痛い目にあいます。

どんな被害があるの？

アマガエルのなかまを食べるオオヒキガエル。

毒をもっているので天敵がいない

人間でさえ命に関わるほど強い毒を体にもっているので、このカエルを食べる生きものがおらず、放っておくと数がどんどん増えてしまいます。西表島では、イリオモテヤマネコやカンムリワシなどの絶滅危惧種がたくさんいますが、誤ってカエルを食べてしまうと大変なことになります。

Mosquitofish

カダヤシ

特 重 敵

メダカに似た小さな魚

●分類
カダヤシ科カダヤシ属

●もともとの分布
台湾

●日本での分布
福島以南の本州、四国、九州、沖縄、小笠原

●すんでいる環境
田んぼ、用水路、池、沼など

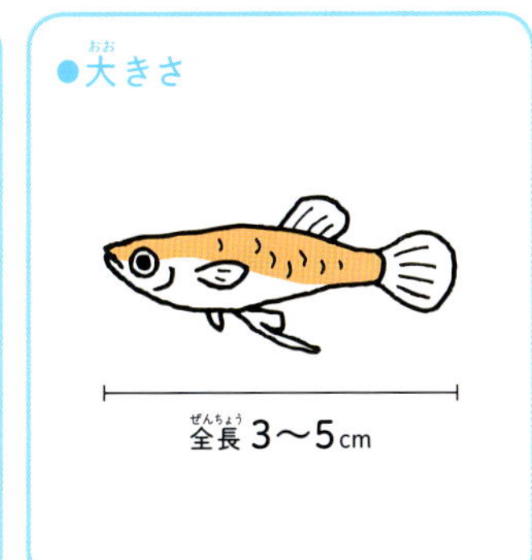

カダヤシはメダカに似た小型の魚です。雑食性で、昆虫、動物プランクトン、子魚などをよく食べます。かつて、マラリアや日本脳炎などの病気を人にうつす蚊を退治するため、その幼虫であるボウフラを食べてもらおうと全国各地で放流されました。これが「蚊絶やし」という名前の由来です。

メダカとの見分け方

カダヤシとメダカは似ていますが、尻びれで見分けられます。カダヤシの尻びれは先に丸みがありますが、メダカの尻びれの先は角ばっています。

カダヤシ

メダカ

どんな被害があるの？

増えるカダヤシ、減るメダカ

食欲おうせいなカダヤシは、ボウフラだけでなく、いろいろな在来生物をどんどん食べてしまいます。今や、数が減って絶滅危惧種になってしまったメダカの卵や子魚も食べられてしまいます。

魚類

Bluegill

ブルーギル

食欲おうせいな外来魚

●分類
サンフィッシュ科ブルーギル属

●もともとの分布
北アメリカ

●日本での分布
ほぼ全国

●すんでいる環境
湖や池、沼など

●大きさ

ブルーギルは背が高い形をした魚で、えらに青い点があるのが特徴です。雑食性で、魚の卵や子魚、エビ、水生昆虫、動物プランクトンなどから水草まで、おうせいな食欲で食べてしまいます。1960年、当時の皇太子がシカゴ市長から贈られた15匹を日本へ持ち帰りました。「プリンスフィッシュ」と呼ばれたブルーギルは各地で放流されました。

ブルーギルを食べる生きものは

サギやカワセミなど水辺の鳥は、魚やエビなどを食べますが、ブルーギルは背が高い体形なので、鳥たちのくちばしの形に合わず、食べにくいようです。ブルーギルを食べる敵は少ないので、どんどん増えてしまいます。

どんな被害があるの？

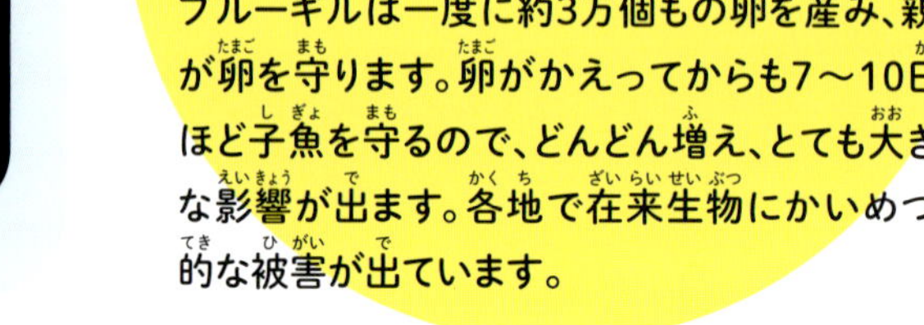

防除したブルーギル。爆発的に増える。

在来生物へ与える大きな影響

ブルーギルは一度に約3万個もの卵を産み、親が卵を守ります。卵がかえってからも7～10日ほど子魚を守るので、どんどん増え、とても大きな影響が出ます。各地で在来生物にかいめつ的な被害が出ています。

Largemouth Bass

オオクチバス

特 緊 遊

魚類

●分類
サンフィッシュ科オオクチバス属

●もともとの分布
北アメリカ

●日本での分布
北海道以外ほぼ全国

●すんでいる環境
池、沼、湖など

●大きさ

全長 30～50cm

オオクチバスはその名のとおり大きな口をした魚で、ブラックバスとも呼ばれます。魚やエビ、昆虫はもちろん、カエルやヘビも大きな口で食べてしまい、ときにはネズミや水鳥のひなを丸飲みしてしまうこともあります。1925年に芦ノ湖で放流され、1980年代にブラックバス釣り人気が出ると、全国にひろがりました。

ブラックバスを食べる

ブラックバスをさかんに捕まえている琵琶湖などでは、ただ防除するのではなく、捕まえたブラックバスを料理して食べることもしています。ブラックバス天丼やブラックバスバーガーなどメニューはいろいろ。外来生物であってもその生命を無駄にしない取り組みのひとつです。

どんな影響があるの？

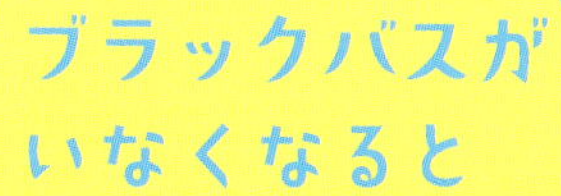

防除したブラックバス。

ブラックバスがいなくなると

在来生物を守るためにブラックバスを防除すると、思いがけない結果を招くことがあります。ブルーギルやアメリカザリガニなど、ほかの外来生物が急に増えることがあるのです。天敵だったブラックバスがいなくなるためです。ほかの外来生物を増やさないよう、計画的に防除しなければなりません。

魚類

Rosy Bitterling

タイリクバラタナゴ

●分類
コイ科バラタナゴ属

●もともとの分布
中国、台湾、朝鮮半島

●日本での分布
ほぼ全国

●すんでいる環境
河川、水路、湖、沼など

●大きさ

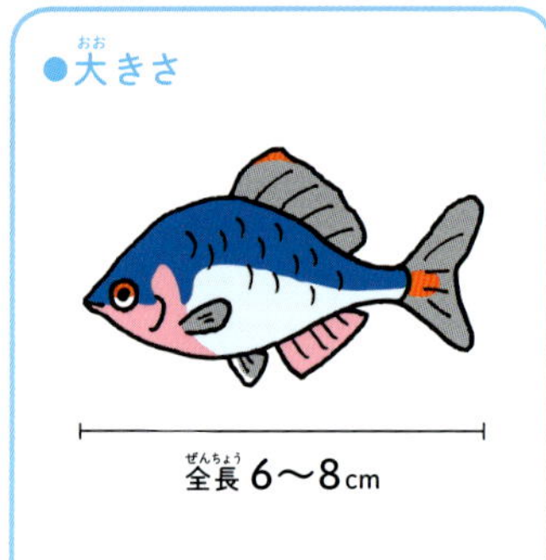

タイリクバラタナゴは背が高い形をした小型の魚です。子魚のうちは動物プランクトンを、成魚になるとおもに藻を食べます。子育ての時期になると、オスの体は淡いピンクや紫の美しい色に変わります（婚姻色）。この美しい色をバラの花に見立てて「バラタナゴ」と名づけられました。日本へはソウギョなど、ほかの魚に混じって持ちこまれました。

貝のえらに卵を産む

バラタナゴのメスは長い産卵管をもっていて、卵をドブガイのなかまなどの二枚貝のえらに産みつけます。そして、産まれた子魚がある程度育つまで、貝の殻で守ってもらうという性質があります。

どんな被害があるの？

絶滅危惧種のニッポンバラタナゴ。

日本のバラタナゴは絶滅寸前

日本にも在来のバラタナゴのなかま、ニッポンバラタナゴがいます。生息環境の悪化と共に数が減っているうえ、外来魚のタイリクバラタナゴと交雑してしまうので、絶滅が心配されています。

Grass Carp

ソウギョ

●分類
コイ科ソウギョ属

●もともとの分布
中国

●日本での分布
茨城、千葉ほか

●すんでいる環境
河川、湖、沼、池、水路など

ソウギョは成長すると1メートル以上になる大型の魚です。植物食で、水辺の植物や水草をよく食べます。もともと食用にするために持ちこまれましたが、最近は釣り目的で放流されることもあります。1日に自分の体重ほども植物を食べる大食いなので、水草を除草するためにも放されることがあります。

どんな被害があるの？

植物を食べつくし、生態系をこわしてしまう

ソウギョはあまりにも大食いなので、放してしまうと水辺の植物や水草を食べつくしてしまい、食べられてしまった植物をすみかや食べものにしていた魚、エビやカニ、水生昆虫などに影響を与えてしまいます。そうなると、それらを食べていた魚や水鳥にも影響が出ることになります。また、植物が吸収していた栄養分が吸収されず、植物プランクトンが増え過ぎて、池が汚れたり、光が底まで届かなくなって水生植物が生えなくなるというように悪い循環が続いてしまいます。

昆虫類

Red Ring Skirt

アカボシゴマダラ

●分類
タテハチョウ科アカボシゴマダラ属

●もともとの分布
中国

●日本での分布
関東全域

●すんでいる環境
市街地、公園、平地林など

●大きさ

アカボシゴマダラは中型のチョウで、はねの赤い紋が特徴です。国内では奄美大島だけにすむ希少種ですが、中国大陸にすむ同じグループの別の種類が国内で放され、問題になっています。1998年に神奈川県藤沢市で見つかってから各地で目撃されるようになり、今では関東全域にひろがり、定着しています。チョウの愛好家が放していると考えられています。

日本在来のゴマダラチョウ。

国蝶、オオムラサキ。

どんな被害があるの？

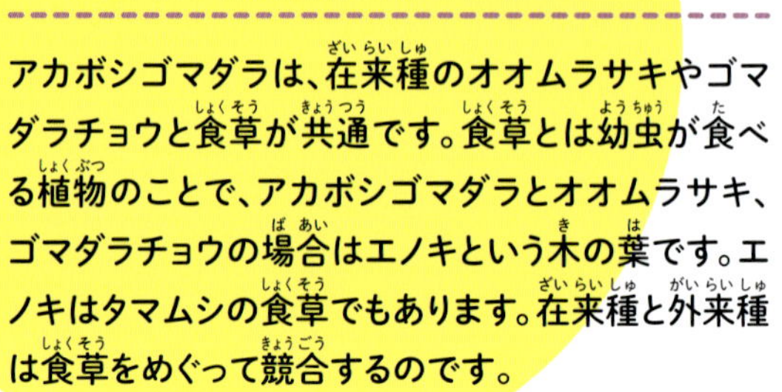

食草であるエノキの葉の上にいるアカボシゴマダラの幼虫。

食草をめぐって在来種と競合

アカボシゴマダラは、在来種のオオムラサキやゴマダラチョウと食草が共通です。食草とは幼虫が食べる植物のことで、アカボシゴマダラとオオムラサキ、ゴマダラチョウの場合はエノキという木の葉です。エノキはタマムシの食草でもあります。在来種と外来種は食草をめぐって競合するのです。

Sericin Swallow-tail Butterfly

ホソオチョウ

要 重 遊

昆虫類

尾の細長いチョウ

●分類
アゲハチョウ科ホソオチョウ属

●もともとの分布
ロシア南東部、中国、朝鮮半島

●日本での分布
関東〜北九州までの各県

●すんでいる環境
畑、河原など

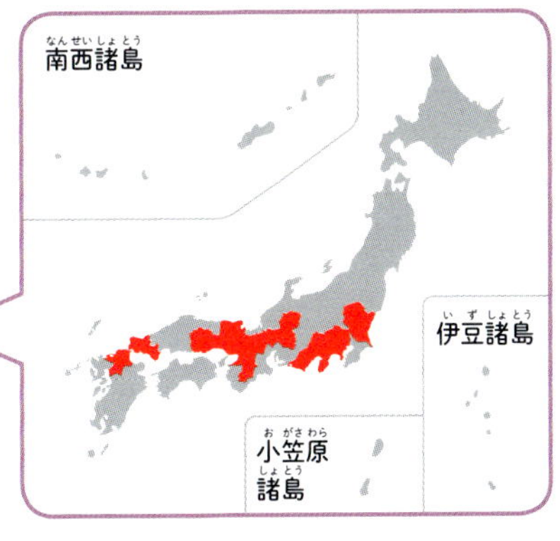

●大きさ

ホソオチョウは中型のチョウで、尾のような長い突起が特徴です。1978年に東京でとつぜん見つかりました。その後も関東や近畿地方の都府県で見つかっているほか、静岡、岐阜、岡山、山口、福岡などで見つかっています。チョウの愛好家が、もともと日本にいないチョウを放していると考えられています。

オスのはねは全体に白っぽい。

ウマノスズクサを食べるジャコウアゲハの幼虫。

どんな被害があるの？

食草のウマノスズクサに卵を産みつけるジャコウアゲハ。

在来種のジャコウアゲハと競合

ホソオチョウは、近いなかまで在来種のジャコウアゲハと食草（ウマノスズクサ）が共通なので競合します。実際にホソオチョウが多い地域では、ジャコウアゲハが少ないという調査結果もあります。

外国産カブトムシ・クワガタ

写真:ヘラクレスオオカブト

●分類
コガネムシ科・クワガタムシ科

●もともとの分布
東南アジアなど世界中

●日本での分布
未定着

●すんでいる環境
森林など

●大きさ

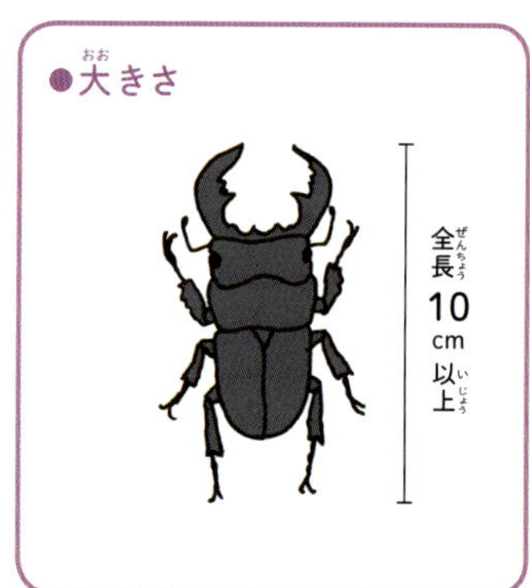

立派なツノのヘラクレスオオカブトや、虹色に輝くニジイロクワガタなど、外国のカブトムシやクワガタムシのなかまはペットとして人気で、年間に数十万匹も日本に輸入されています。東～東南アジアにすんでいるヒラタクワガタやオオクワガタが特に人気です。外国のカブトムシやクワガタムシのなかまは、日本の種類に比べて大型の種類が多く、好きな人にとってあこがれの的です。大きな成虫に育てることを目指し、いろいろな工夫をして幼虫から飼育する人も少なくありません。

写真:ニジイロクワガタ

絶対にダメ！

野外に放してはいけない

研究の結果、外国のヒラタクワガタと日本のヒラタクワガタが交雑できることがわかっています。さらに、その交雑種からまた交雑種ができることもわかりました。外国のクワガタムシを野外に放せば、日本のクワガタムシが交雑種だらけになってしまうおそれがあります。また、外国のクワガタムシには日本にはいないダニのなかまが寄生していることがあります。このダニが日本の生きものにどのような影響をおよぼすかもわかりません。外国のクワガタムシを野外に放すのは絶対にやめましょう。

写真：アンタエウスオオクワガタ

外国の生きものだけじゃない

日本のカブトムシが外来生物？

日本のカブトムシも外来生物になってしまう場合があります。北海道にはもともとカブトムシがいませんでしたが、ペットとして持ちこまれたものが野生化しています。生態系の中にカブトムシが入ることで、ほかの生きものに対して影響をおよぼす可能性があります。
沖縄のカブトムシは本州のカブトムシよりも小型で、形も違うオキナワカブトムシという種類です。沖縄にも本州のカブトムシが持ちこまれて販売されていますが、逃げ出したり、放されたりして野生化すると、交雑する可能性があります。オキナワカブトムシは沖縄にしかいない貴重な種類です。交雑種が増えれば、その存在がおびやかされることになってしまうのです。
このように、たとえ日本にすんでいる生きものであっても、国内の違う地域に持ちこんでしまえば、外来生物になってしまいます。

写真：カブトムシ

外国産テナガコガネ類 特 定 飼

●分類
コガネムシ科

●もともとの分布
東南アジア

●日本での分布
未定着

●すんでいる環境
大木の生える原生林

●大きさ

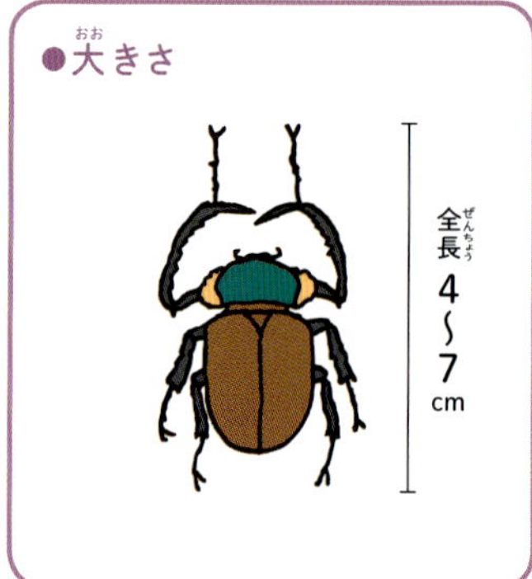

テナガコガネのなかまは、その名のとおりオスの前足がとても長いのが特徴です。長い前足を使ってオス同士が闘ったり、メスに求愛したりします。大木の生える原生林の穴の中にすみ、幼虫はくさって粉状になった木のくずを食べて育ちます。成虫に育つまで数年かかると考えられています。ペットとして販売するため、かつて国内へ持ちこまれましたが、今は規制されています。

日本のテナガコガネ

日本にもテナガコガネのなかまが1種だけいます。沖縄のやんばるの森にすむヤンバルテナガコガネです。深い森の中にすみ、発見されたのは1983年のこと。数がとても少なく、絶滅が心配されています。外国産のテナガコガネを放せば交雑してしまう可能性があります。

ヤンバルテナガコガネの終れい幼虫。

ヤンバルテナガコガネの成虫。

アオマツムシ

●分類
コオロギ科マツムシモドキ属

●もともとの分布
中国

●日本での分布
東京、神奈川、東海、近畿地方など

●すんでいる環境
市街地、公園など

●大きさ

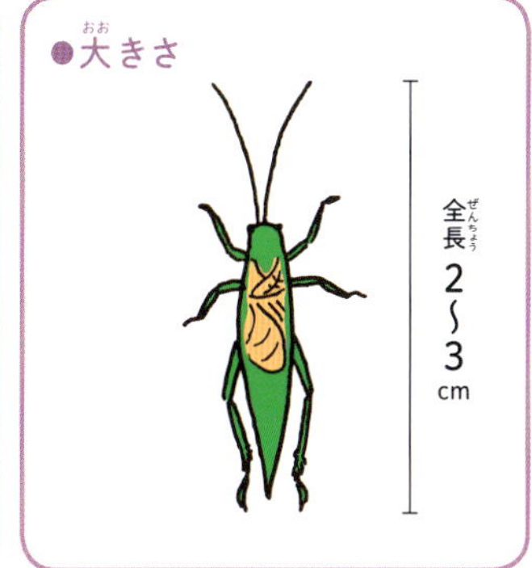

アオマツムシは平たい体をしたコオロギのなかまです。メスは全身が緑色、オスも緑色ですが一部茶色い部分があります。飛ぶのが得意で、木の上を好み、樹木の葉などを食べます。秋には市街地の街路樹の上などで、とても大きな声で「リーリーリー」と鳴き、耳が痛いほどの大合唱となります。

渡り鳥の秋の食べものに

農業被害をもたらす外来生物ですが、渡り鳥の秋の食べものになっているという一面もあります。

アオマツムシを食べる渡り鳥のキビタキ。

どんな被害があるの？

カキやナシなどに食害をおよぼす

アオマツムシは木の上にすむので、栽培しているカキやナシなどの果物が食べられてしまう農業被害が起きています。

昆虫類

Large Earth Bumblebee

セイヨウオオマルハナバチ

●分類
ミツバチ科マルハナバチ属

●もともとの分布
ヨーロッパ

●日本での分布
北海道

●すんでいる環境
農地、公園、市街地など

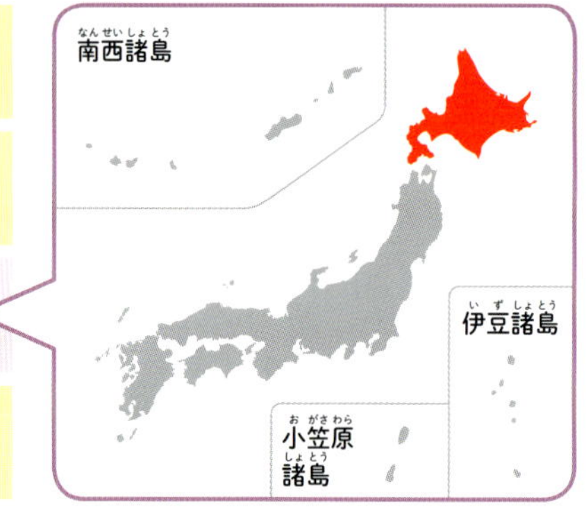

●大きさ

セイヨウオオマルハナバチは丸みのある体をしたハチのなかまで、ネズミの古い巣などを利用し、地下に巣をつくります。花の蜜や花粉を好み、たくさん集めます。せっせと花を訪れては花粉を運び、花の受粉をよく助けるので、トマトのハウス栽培で利用するために日本へ持ちこまれました。

盗蜜

セイヨウオオマルハナバチは、舌がとどかないと、花びらに横から穴をあけて蜜をとります（盗蜜）。盗蜜では花が受粉できないので、種子ができません。盗蜜されて植物が減ると、在来のマルハナバチに影響が出てきます。

どんな被害があるの？

日本のマルハナバチが危ない

ハウスから逃げ出したハチが野生化し、日本のマルハナバチの女王バチに悪影響をおよぼしたり、巣を乗っ取ったりします。日本にはいない寄生生物を日本のマルハナバチにうつすおそれもあります。

Yellow-legged Hornet

ツマアカスズメバチ 特 緊 不

昆虫類

アジアの危険なスズメバチ

●分類
スズメバチ科スズメバチ属

●もともとの分布
東南アジア、中国、台湾など

●日本での分布
対馬

●すんでいる環境
農地、市街地など

●大きさ

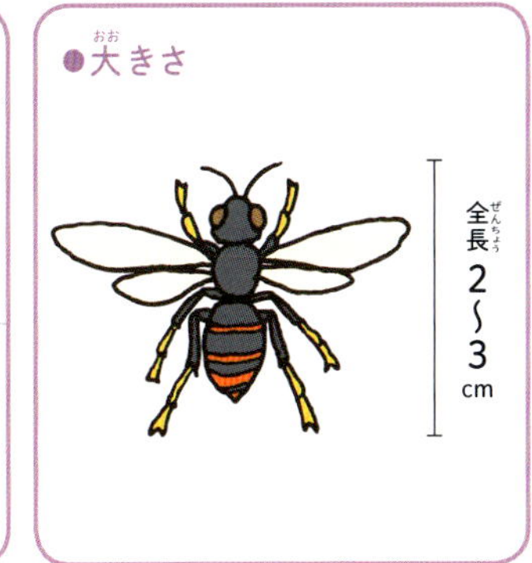

ツマアカスズメバチは中型のスズメバチで、体は黒く、腹の先のほうが赤っぽいことから名前がつけられました。しげみや地下、樹木に巣をつくります。いろいろな昆虫類を捕らえ、特にミツバチをよくおそいます。2013年に長崎県の対馬で見つかりましたが、どうやって持ちこまれたかは不明です。フランスやスペインにも侵入しています。フランスへの侵入は輸入された園芸植物にくっついていたと考えられています。

どんな被害があるの？

在来の昆虫を捕食する

ミツバチが食べられてしまい、養蜂業に被害が出ています。在来の昆虫類が捕食され、生態系がかく乱されます。巣に近づくと攻撃的になり、毒針で刺されると人間にも命の危険があります。

昆虫類

Argentine Ant

アルゼンチンアリ

在来アリを数で圧倒する、さすらいのアリ

●分類
アリ科アルゼンチンアリ属

●もともとの分布
南アメリカ

●日本での分布
東京～中国地方にかけての各県

●すんでいる環境
港、市街地など

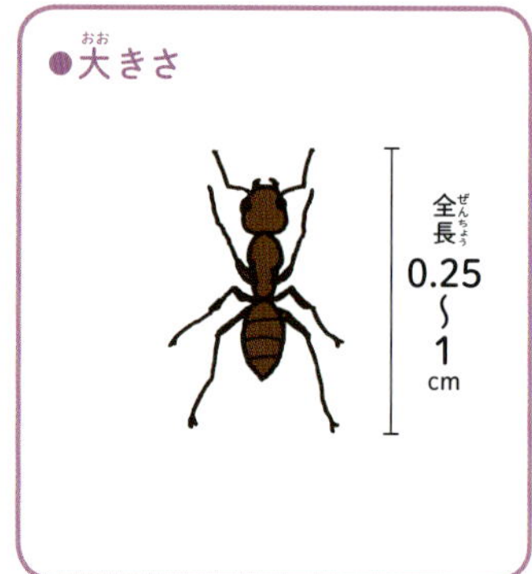

アルゼンチンアリは小型のアリのなかまで、19世紀にアルゼンチンの首都、ブエノスアイレスで発見されたのが名前の由来です。体が細長く、触角が長いのが特徴で、ほかの種類のアリの数倍の速さで移動します。女王アリはひとつの巣に1匹ではなく何匹もいて、多数の働きアリと共に巨大な群れをつくります。大集団で移動し、ほかの種類のアリの巣を見つけるとおそいかかり、数で圧倒し、全滅させてしまいます。日本では1993年に広島県で初めて見つかりました。貨物やコンテナにまぎれこんで運ばれたと考えられています。

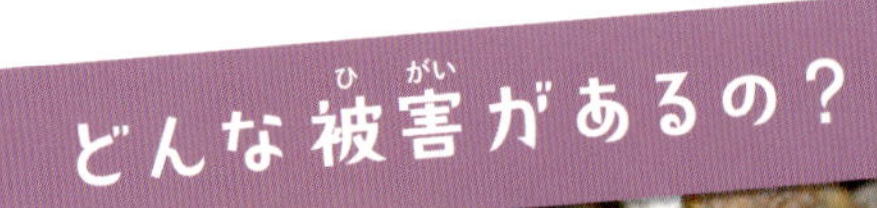

家の中にも侵入する

アメリカやフランスでは在来のアリが減らされたり、絶滅させられたりしました。農作物を食べてしまったり、大集団で民家に侵入して食べものを食べたり、人をかんだりします。

Red Imported Fire Ant

アカヒアリ

昆虫類

●分類
アリ科トフシアリ属

●もともとの分布
南アメリカ

●日本での分布
未定着

●すんでいる環境
草地など

今後、定着するおそれあり

●大きさ

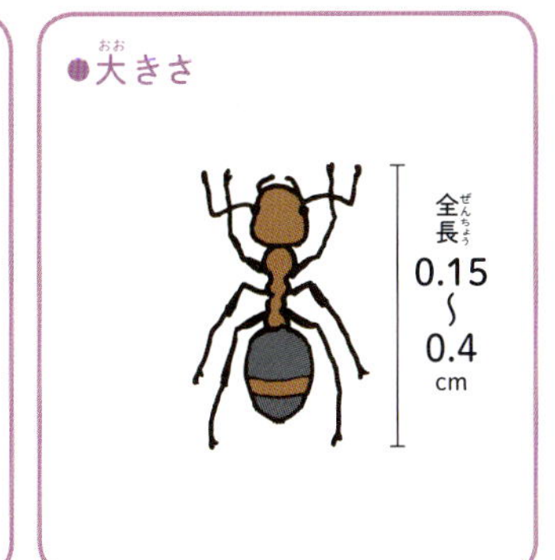

アカヒアリはとても強い毒をもつアリのなかまで、腹部にある毒針で相手を激しく刺します。荒地や芝生のような開けた環境に直径100センチ、高さ40センチくらいのアリ塚をつくります。日本には今のところ上陸していませんが、台湾や中国南部では定着しており、日本へも入ってくる可能性があります。人の生命にも関わるアリを防除するため、ノミバエというヒアリの天敵を使う研究もあります。しかし、天敵を持ちこむことはこれまでも外来生物問題の原因になってきました。オーストラリアでは薬での防除に成功しています。

どんな被害があるの？

「殺人アリ」と呼ばれおそれられている

アカヒアリはスズメバチのなかまと同じくらい強い毒をもちます。北アメリカではこれまでに100人近くの人が、アリにかまれて亡くなりました。入ってこないよう注意し、もし入ってきてしまったら、定着する前に防除する必要があります。

クモ類

Redback Widow Spider

セアカゴケグモ

●分類
ヒメグモ科ゴケグモ属

●もともとの分布
オーストラリアと考えられている

●日本での分布
本州、四国、九州、沖縄

●すんでいる環境
港、市街地など

セアカゴケグモは体が丸く、脚が細長いクモのなかまで、体の上の赤い模様が目立ちます。岩の下のすき間や、どぶのふたの裏など、暗い場所に網を張って、落ちてきた獲物を捕らえます。1995年に大阪で発見されたのが最初で、その後も各地の港の近くで見つかっていることから、国内へは貨物にまぎれて持ちこまれていると考えられています。

どんな被害があるの？

さわらなければ大丈夫

セアカゴケグモは強い毒をもっています。おとなしい性質なので、つかんだりしない限り、かまれることはありませんが、もし見つけても絶対にさわらないようにしましょう。

体の模様には多少違いがある。

Signal Crayfish

ウチダザリガニ

特 緊 食

甲かく類

●分類
ザリガニ科パキファスタクス属

●もともとの分布
北アメリカ(カナダ南西部、アメリカ北西部)

●日本での分布
北海道と本州各地

●すんでいる環境
河川、湖、沼など

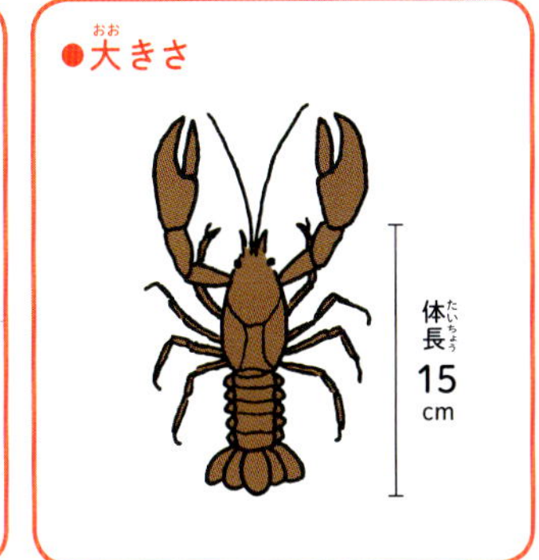

ウチダザリガニは大型のザリガニで、はさみのつけ根に白い斑があるのが特徴です。はさみを上げて振るとき、この白い斑が目立ち、まるで信号を送っているように見えるので、「シグナルザリガニ」という別名があります。食用にするため1909年に国内へ持ちこまれ、北海道などで放流されました。

フランス料理の食材

食用目的で水産業のために放流されたウチダザリガニは、フランス料理の高級食材、ヨーロッパザリガニの代用の食材として、今も食べられています。

どんな被害があるの？

在来のニホンザリガニ。

ニホンザリガニが危ない

ウチダザリガニは体が大きく攻撃的で、絶滅危惧種である在来種のニホンザリガニを捕食したり、巣穴をうばったりしてしまいます。また、ミズカビ病をうつす可能性もあります。

Red Swamp Crayfish

アメリカザリガニ

●分類
アメリカザリガニ科アメリカザリガニ属

●もともとの分布
北アメリカ南部

●日本での分布
ほぼ全国

●すんでいる環境
池、湖、沼、田んぼ、河川など

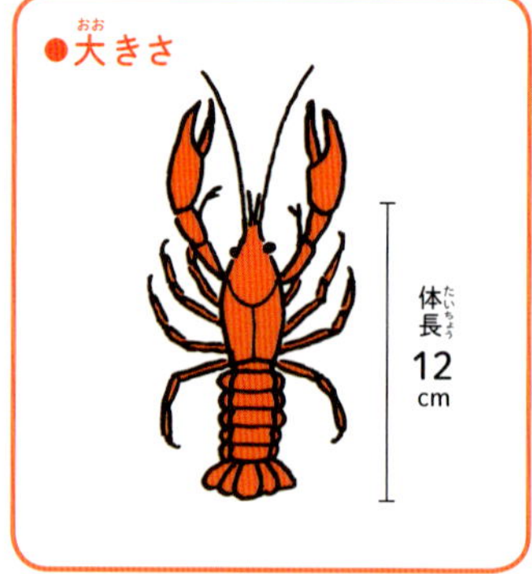

日本中で見られるこのアメリカザリガニも、じつは北アメリカ原産の外来生物です。ザリガニ釣りをしたことがある人も多いでしょう。体が赤っぽく、はさみにいぼがあるのが特徴で、魚類や水生昆虫のほか、水草も食べる雑食性です。食用にするために日本へ持ちこまれたウシガエル（58ページ）のエサにするため、1927年に持ちこまれました。

どんな被害があるの？

アメリカザリガニはどんどん増えて、いろいろな在来生物を食べてしまいます

いろいろな在来生物が食べられてしまうことも問題ですし、水草が食べられてしまうのも大きな問題です。水草がなくなってしまうと、在来生物のすみかがなくなり、水が汚れる原因となります。

水草を食べるアメリカザリガニ。

タニシを食べるアメリカザリガニ。

フナのなかまを食べるアメリカザリガニ。

ほかの外来生物の生命を支えるアメリカザリガニ

もともとウシガエルのエサ用に持ちこまれたアメリカザリガニは、ウシガエルだけでなく、オオクチバスやアカミミガメなど、多くの生きものに食べられる存在でもあります。そのような厳しい条件のなかで、アメリカザリガニは子孫を確実に残すため、卵をたくさん産み、親ザリガニが抱いて守るのです。卵から稚ザリガニがかえってもしばらくは抱いて守ります。これは、天敵にたくさん食べられても、一部は生き残るためのやり方です。

アメリカザリガニを食べるウシガエル。

アメリカザリガニを食べるクサガメ。

アメリカザリガニを食べるカムルチー（外来魚）。

稚ザリガニを守る親ザリガニ。

外来生物を防除すると、アメリカザリガニが増える？

ある環境の生態系を取り戻すため、かいぼり（114ページ）などによって、外来生物をたくさん防除すると、アメリカザリガニが爆発的に増えることがあります。それまで、アメリカザリガニを食べていた外来生物を取り除いた結果、天敵が少なくなり、泥の中で生き残ったアメリカザリガニが、天敵がいなくなった環境で爆発的に増えるのです。かいぼりの後はアメリカザリガニとの闘いが待っているわけです。

かいぼりの後にとらえられたアメリカザリガニ。
防除を続けなければ、ザリガニが増えすぎてしまい、生態系のバランスがくずれてしまう。

甲かく類

Chinese Mitten Crab

チュウゴクモクズガニ

特

定

食

●分類
イワガニ科モクズガニ属

●もともとの分布
中国北部〜朝鮮半島西岸

●日本での分布
未定着

●すんでいる環境
河川(幼生は海)

今後、定着する
おそれあり

●大きさ

チュウゴクモクズガニは河川にすむ淡水性のカニで、はさみが毛におおわれ、甲羅がでこぼこしているのが特徴です。産卵のために海へ移動するため、移動能力が高く、陸上を移動してほかの川に侵入し、分布をどんどんひろげます。ヨーロッパやアメリカでは広い範囲に分布し、在来の淡水カニ類と競合しています。

取り扱い要注意の食材

チュウゴクモクズガニは中華料理の食材「上海ガニ」として使われ、秋が食べごろとされます。生きたまま大量に輸入されていますが、逃げられないようしっかり管理する必要があります。

どんな被害があるの?

外国では被害が出ている

日本では今のところ定着が確認されていませんが、ヨーロッパやアメリカでは大発生し、在来生物や漁業、堤防を破壊するなどの被害が出ています。このため、日本でも予防的に特定外来生物に指定しているのです。

Mediterranean Green Crab

チチュウカイミドリガニ

移

甲かく類

●分類
ワタリガニ科カルキヌス属

●もともとの分布
地中海

●日本での分布
東京湾、伊勢湾、大阪湾など

●すんでいる環境
海（湾内）

●大きさ

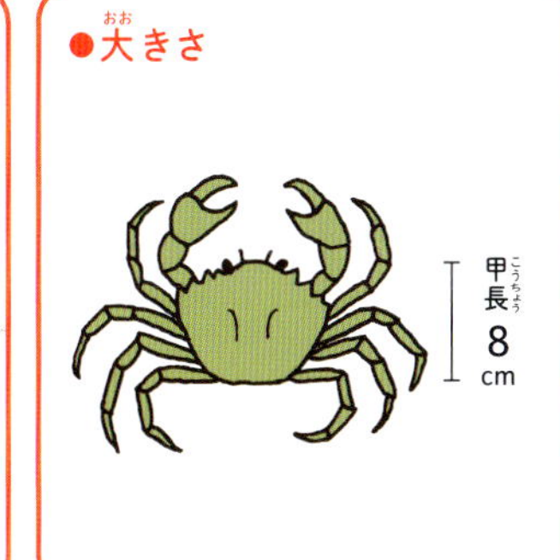

チチュウカイミドリガニは河口から湾内の海にすむカニです。名前のとおり、体は緑がかった灰色で貝などを食べます。貿易のために外国と行き来する船にくっついたり、貨物を積んでいない船に積むバラスト水にプランクトン（浮遊生物）である幼生がふくまれて、国内へ運ばれたと考えられています。

バラスト水とは？

大型船は貨物を積んでいない状態では重心が高くなって不安定になります。そこで、貨物を積む前の船や、積んでいた貨物を降ろして空荷になった船に、貨物の代わりに重しとして海水を積みます。これをバラスト水といいます。移動先の港で、船が貨物を積むために放出したバラスト水には無数のプランクトンがふくまれており、外来生物を海にまくことになってしまうのです。

どんな被害があるの？

将来的に被害が大きくなる？

今のところ、目立った大きな被害はありませんが、将来的には日本在来の生物を食べるなどの被害が出る可能性があります。

貝類

Apple Snail

スクミリンゴガイ

ジャンボタニシと呼ばれる巨大なタニシ

●分類
リンゴガイ科リンゴガイ属

●もともとの分布
南アメリカ

●日本での分布
関東〜沖縄

●すんでいる環境
田んぼ、水路など

●大きさ

スクミリンゴガイは淡水にすむ球形の巻貝です。淡水の巻貝としては大型で、ジャンボタニシの別名で呼ばれます。やわらかい植物を好んで食べるほか、魚の死体なども食べます。国内へは食用あるいはペットとして販売するため、また田んぼの雑草を食べさせるために持ちこまれました。

田んぼで目立つピンクの卵

卵は派手なピンク色で、水中でなく空気中でないとふ化できないので、イネやレンコンなどの高い位置に産みつけられ、とても目立ちます。

どんな被害があるの？

カモやスッポンを放して防除

イネやレンコンなどの農作物が食べられてしまう被害が出ています。防除のため、田んぼにカルガモやスッポンなどの在来生物を放す試みもされています。

Giant East African Land Snail

アフリカマイマイ

要 重 食

貝類

夜に活動する
巨大カタツムリ

●分類
アフリカマイマイ科アフリカマイマイ属

●もともとの分布
東アフリカ

●日本での分布
小笠原諸島、南西諸島、鹿児島県

●すんでいる環境
農地の草むらなど

アフリカマイマイは陸にすむ世界最大級の巻貝です。昼間は畑の近くの草むらなどで休んでいて、夜に活動します。雑食性で、植物の茎や葉、落ち葉のほか、動物の死体やキノコも食べます。1930年代、食用にするために沖縄へ持ちこまれたものが野生化しています。

天敵の導入が新たな問題に

小笠原諸島ではアフリカマイマイを防除するため、肉食性の巻貝であるヤマヒタチオビを天敵として放しましたが、アフリカマイマイではなく、在来種が食べられてしまいました。

どんな被害があるの？

寄生虫に注意

アフリカマイマイは、広東住血吸虫という寄生虫をもっていて、人間が感染するとおそろしい病気になってしまいます。見かけても絶対にさわらないようにしましょう。

コラム

身のまわりで外来生物を探そう!!

家のまわりや道ばた、公園、池や川など、外来生物はあらゆるところにいます。どこにどんな外来生物がいるのか、身のまわりで探してみましょう。

公園の片すみにノハカタカラクサがたくさん生えていた(→92ページ)

道ばた

住宅地

公園

住宅地にホンセイインコがいて、電線にとまったり、飛び回ったりしていた(→43ページ)

道ばたにオオキンケイギクが生えていた(→95ページ)

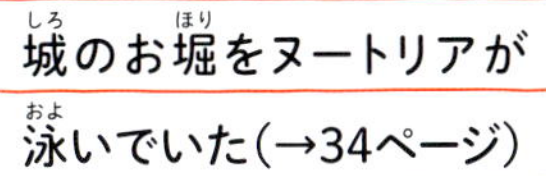

城のお堀をヌートリアが泳いでいた（→34ページ）

クサガメとアカミミガメが一緒に日光浴していた（→51、52ページ）

堀

林

池

公園の林を探したら、アカボシゴマダラがいた（→66ページ）

大きなオオクチバスが泳いでいた（→63ページ）

ブルーギルも泳いでいた（→62ページ）

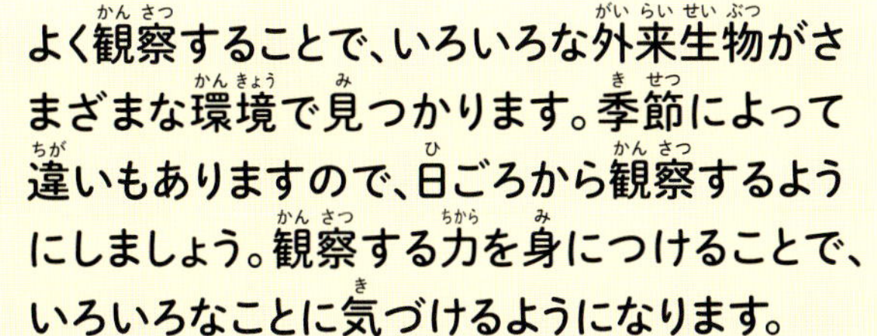

よく観察することで、いろいろな外来生物がさまざまな環境で見つかります。季節によって違いもありますので、日ごろから観察するようにしましょう。観察する力を身につけることで、いろいろなことに気づけるようになります。自由研究のテーマにするのもいいでしょう。

ボクたちのなかまは
みんなのまわりにも
たくさんいるんだ

Dandelion

セイヨウタンポポ

●分類
キク科タンポポ属

●もともとの分布
ヨーロッパ

●日本での分布
ほぼ全国

●生えている環境
市街地、公園、農地、河原、山など

タンポポはわたしたちにとって身近な植物のひとつですが、じつはその多くがセイヨウタンポポという外来植物です。空き地や道ばた、公園や河原、学校の校庭など、日当たりのいいところにたくさん生えていて、春から秋にかけて黄色い花を咲かせます（在来のタンポポは春にしか咲きません）。国内へは食用や牧草にするため、明治時代に輸入されました。

要 重 食 農

どんな被害があるの？

クローンをつくって増える

セイヨウタンポポは花が咲く期間が長いうえ、花粉を受粉しなくても種子をつくることができます。そのため、どんどん増えて、カントウタンポポなど日本のタンポポと交雑してしまいます。日本で見られるセイヨウタンポポの多くが、在来タンポポとの交雑種といわれます。

調べてみよう！

セイヨウタンポポとカントウタンポポの違い

花の根元にある「そうほう片」を見ることで、セイヨウタンポポか在来のタンポポかを見分けることができます。見分け方をおぼえて、身のまわりに生えているタンポポの種類を調べてみましょう。

セイヨウタンポポの花の下の部分は反り返っている。

カントウタンポポの花の下の部分は反り返らず、先たんに三角形のでっぱりがある。

ほかにもいろいろ！

日本の在来タンポポ

日本には地域によって違う種類のタンポポがあり、それぞれ異なる特徴があります。
セイヨウタンポポが増え、ひろがっていくと、日本全国が交雑種のタンポポだらけになって、もともとの日本のタンポポが失われてしまうかもしれません。

葉の幅が広く、花の下の部分が大きい。東海地方に多い。

シロバナタンポポ

花が白っぽい。西日本に多く、特に九州に多い。

エゾタンポポ

花が大きめで、花の下の部分が花をつかむような形。北海道や東北、中部地方に生える。

花は小ぶりで茎が細い。関西より西に多い。

シナノタンポポ

花はエゾタンポポに似ている。関東地方の山地や、中部地方の平地に生える。

植物

Bermuda Buttercup

オオキバナカタバミ

カタバミに似ているけど大きい

●分類
カタバミ科カタバミ属

●もともとの分布
南アフリカ

●日本での分布
関東〜九州

●生えている環境
市街地、公園、農地、河原など

●大きさ

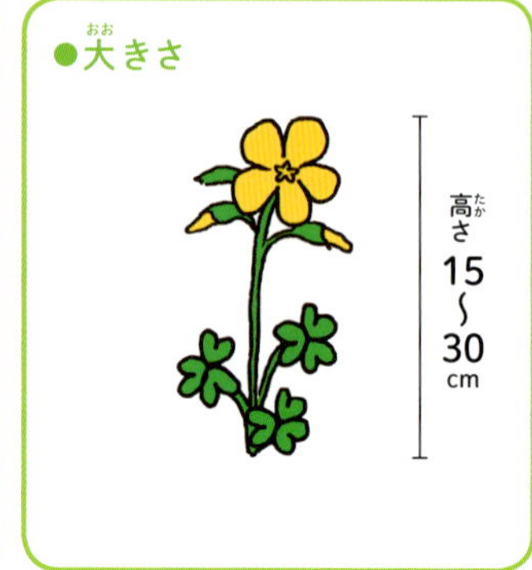

オオキバナカタバミは、道ばたや公園などでよく見かける日本在来のカタバミのなかまで、カタバミによく似ている植物です。空き地や道ばた、公園、河原など、日当たりのいいところに生えていて、春に黄色い花を咲かせます。花びらは5枚、葉はハート形の小さな葉が3枚1組です。国内へは観賞用に持ちこまれました。

どんな被害があるの？

在来の春植物と競合する

カタバミをはじめ、在来の春植物と競合します。種子だけでなく球根でも増えるので、在来のカタバミよりもひろがりやすいのです。

ほかにもいろいろ！

カタバミのなかま

身のまわりには、オオキバナカタバミや日本在来のカタバミのほか、外来のカタバミのなかまが何種類も咲いています。

もともとの分布は南アメリカ。花はイモカタバミと同じ紫色だが、中心部は緑色で、おしべの先は白色。オオキバナカタバミと同じように球根で増える。

もともとの分布は北アメリカ。在来のカタバミが地面をはうようにひろがるのに対し、オッタチカタバミは茎が立ち上がる。

もともとの分布は南アメリカ。花はムラサキカタバミと同じ紫色だが、中心部は濃い紫色で、おしべの先は黄色。オオキバナカタバミと同じように球根で増える。

日本在来のカタバミ。ハート形の葉が特徴で、外来のカタバミに比べて高さが低く、花も葉も小さめ。夕方になると葉を閉じる性質があり、どんよりくもった日は昼間でも葉を閉じる。

植物

Eastern Daisy

ヒメジョオン

●分類
キク科ヒメジョオン属

●もともとの分布
北アメリカ

●日本での分布
ほぼ全国

●生えている環境
市街地、公園、農地、河原、高原、山地など

●大きさ

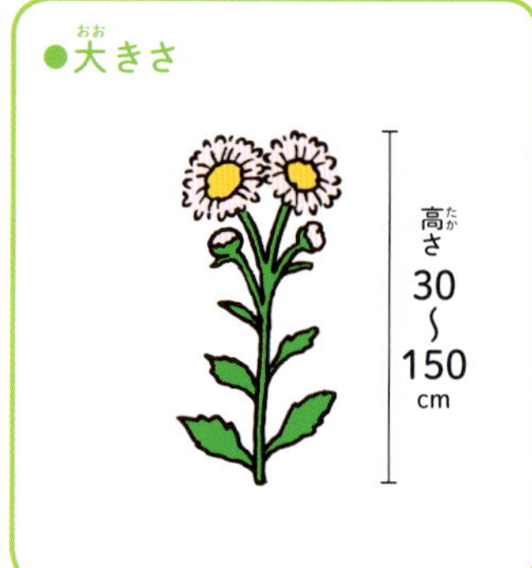

ヒメジョオンは身のまわりでよく見かけるキクのなかまです。道ばたや公園など身近なところから、高原や高い山までさまざまな環境に生えていて、初夏から秋ごろまで、白や淡いピンク色の花を咲かせます。江戸時代末期、観賞用に国内へ持ちこまれ、今では全国にひろがっています。

ハルジオンとの見分け方

ヒメジョオンより早く、春から初夏にかけて、よく似たハルジオンが咲きます。ヒメジョオンと同じ外来植物のひとつです。よく似ていますが、花の時期が異なるのに加え、茎を見ることで区別できます。

ハルジオンは茎の中が空どうで、新しいつぼみはうつむくことが多い。ヒメジョオンの茎の中はつまっていて、空どうではない。

どんな被害があるの？

貴重な植物との競合

増える力が強く、山地などの自然の豊かな環境で在来植物と競合し、勝ってしまうおそれがある。長野県の霧ヶ峰ではヒメジョオンを刈ったり、抜き取ったりしている。

Canada Goldenrod

セイタカアワダチソウ

ほかの植物を寄せつけない

●分類
キク科アキノキリンソウ属

●もともとの分布
北アメリカ

●日本での分布
ほぼ全国

●生えている環境
空き地、河川敷、土手など

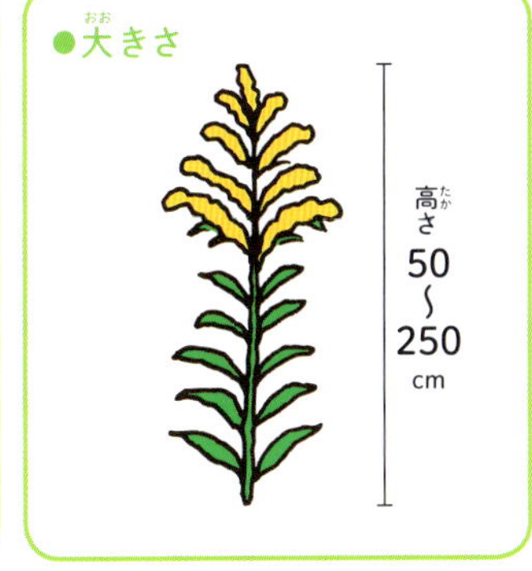

セイタカアワダチソウは開けた環境に生え、高く伸びる植物です。空き地や線路の脇、河原などにたくさん生え、秋に黄色い花を咲かせます。ほかの植物の生長をおさえる物質を出す、アレロパシー作用をもっています。明治時代、観賞用に国内へ持ちこまれ、今では全国にひろがっています。

どんな被害があるの？

おそろしいアレロパシー作用

湿原など自然の豊かな環境に入ってしまうと、貴重な在来植物の生長をさまたげる物質を出し、一面にひろがってしまう可能性があります（アレロパシー作用）。アレロパシー作用は強力で、いずれはセイタカアワダチソウそのものも弱っていってしまうほどです。

植物

Small-leaf Spiderwort

ノハカタカラクサ

●分類
ツユクサ科ムラサキツユクサ属

●もともとの分布
南アメリカ

●日本での分布
関東～九州にかけての各地

●生えている環境
公園、雑木林など

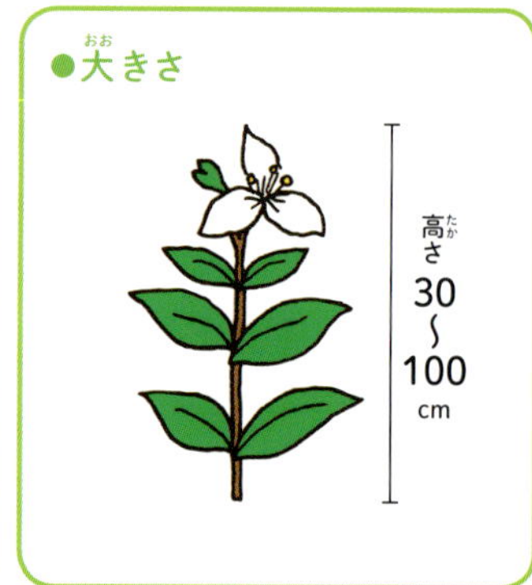

ノハカタカラクサはやや湿った日かげを好む植物で、石垣や林の地面、水辺などに生え、夏に白い花を咲かせます。トキワツユクサの別名で呼ばれることも多いです。花びらは3枚で、花は三角形に見え、おしべからたくさんの毛が生えます。葉は厚く、濃い緑色です。国内へは昭和初期、観賞用に持ちこまれ、今でも園芸用の品種が売られています。引き抜いても、茎から根を伸ばして再生してしまう、手ごわい外来植物です。

どんな被害があるの？

茎で増える

茎から根を伸ばして、どんどん増え、あたり一面にひろがり、在来植物をおおってしまいます。東京都内の公園などでも、とても増えています。外国では侵略的な外来植物とされています。

Giant Ragweed

オオブタクサ

植物

●分類
キク科ブタクサ属

●もともとの分布
北アメリカ

●日本での分布
ほぼ全国

●生えている環境
市街地、公園、空き地、河原など

●大きさ

オオブタクサは人の背よりも高く育つ植物です。長く伸びた茎の先が枝分かれし、真夏に小さな黄色い花を、細長く集まった形で咲かせます。国内では1952年に静岡県清水港と千葉県で初めて見つかりました。外国から運ばれた食料や土に種子がふくまれていて、全国にひろまったと考えられています。

どんな被害があるの？

黄色い小さな花が集まって咲く。

花粉症の原因植物

河原や空き地などで一面にひろがり、黄色い花粉をたくさん飛ばします。多くの人々が花粉症に苦しめられています。

Tall Fleabane

オオアレチノギク

●分類
キク科イズハハコ属

●もともとの分布
南アメリカ

●日本での分布
本州〜九州

●生えている環境
市街地、農地、空き地など

●大きさ

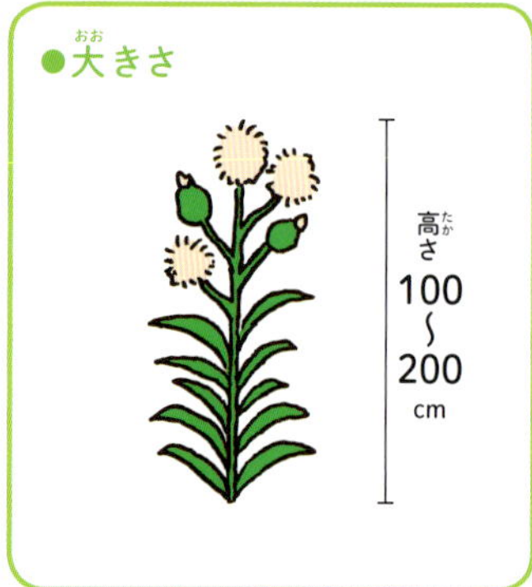

オオアレチノギクは名前のとおり、荒れた土地を好んで生える外来植物です。茎を高く伸ばした先に、つつ状の花をたくさん咲かせます。セイタカアワダチソウ（91ページ）と同じように、ほかの植物の生長をおさえる物質を出します（アレロパシー作用）。1920年に東京で確認されました。

どんな被害があるの？

風に乗って運ばれる

花は目立ちませんが、タンポポに似た、綿毛のついた種子がたくさんつくと目立ちます。種子は風にのって運ばれ、広い範囲に増えていきます。

Lance-leaved Tickseed

オオキンケイギク

特 緊 観

植物

●分類
キク科キンケイギク属

●もともとの分布
北アメリカ

●日本での分布
ほぼ全国

●生えている環境
市街地、河原、海岸など

●大きさ

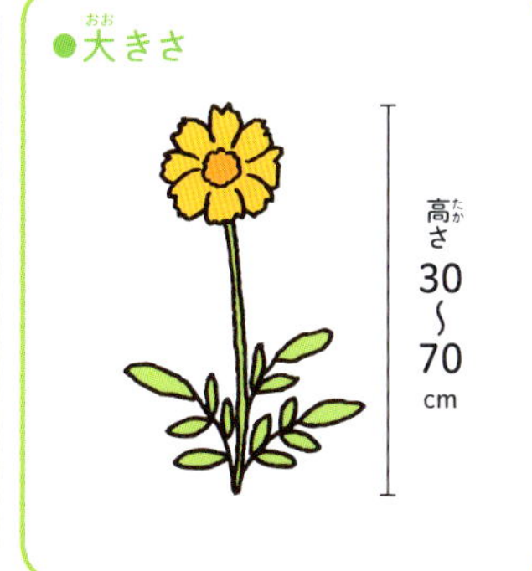

オオキンケイギクは、初夏に鮮やかな黄色い花を咲かせる外来植物です。花が美しいだけでなく、冬も枯れずに緑が残るので、観賞用だけでなく緑化するために、埋め立て地や高速道路沿いなどに植えられてきました。1880年ごろ、国内へ持ちこまれました。

在来植物のカワラナデシコ。オオキンケイギクなどの外来植物が増えるにつれて、姿を消している。

どんな被害があるの？

増える力がとても強い

オオキンケイギクは増える力が強く、河原などでは一面をおおいつくしてしまうので、カワラナデシコなどの在来植物が減ってしまいます。特定外来生物に指定され、栽培が禁止されたことで、各自治体が栽培しないようによびかけています。

植物

Oriental Cocklebur

オオオナモミ

●分類
キク科オナモミ属

●もともとの分布
北アメリカ

●日本での分布
北海道～九州

●生えている環境
公園、農地、河原など

●大きさ

オオオナモミは、とげだらけの実がなる外来植物です。服にくっつきやすい実を俗に「ひっつき虫」と呼びますが、オナモミのなかまの実はとげが大きくてひっかかりやすく、その代表的な存在です。実には種子がふくまれていて、ひっついた人や動物によって遠くへ運ばれます。在来種のオナモミはいつの間にか姿を消し、外来のオオオナモミに置きかわってしまいました。

実をひっつけたニホンジカ。

どんな影響があるの？

動物も種を運んでしまう

オオオナモミがひろがると、オナモミをはじめ、ほかの在来植物が減ってしまうおそれがあります。わたしたちがひろげないように気をつけても、シカなどの動物に実がひっついて運ばれてしまうという難しさもあります。

Burcucumber

アレチウリ

●分類
ウリ科アレチウリ属

●もともとの分布
北アメリカ

●日本での分布
北海道〜九州

●生えている環境
荒れ地、農地、河川敷など

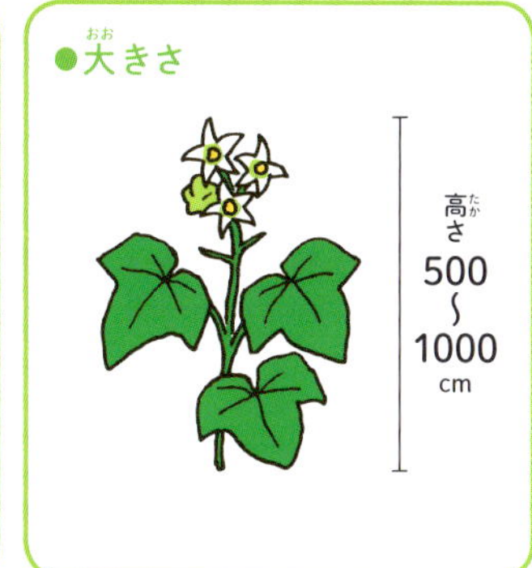

アレチウリは、つるを伸ばしてひろがる外来植物です。巻きひげでほかの植物にからみながら、つるを伸ばし、長いものでは10メートル以上にもなります。国内では1952年に静岡県の清水港で初めて確認されました。輸入した大豆にアレチウリの種子が混ざっていて、ひろまりました。

どんな被害があるの？

ひろがると駆除が大変

アレチウリは増える力がとても強く、広い範囲を巨大なカーペットのようにおおってしまいます。つるが巻きつく力はとても強く、一度ひろがってしまうと取り除くのが一苦労です。

植物

Devil's Beggartick

アメリカセンダングサ

●分類
キク科センダングサ属

●もともとの分布
北アメリカ

●日本での分布
ほぼ全国

●生えている環境
農地、湿地、荒れ地など

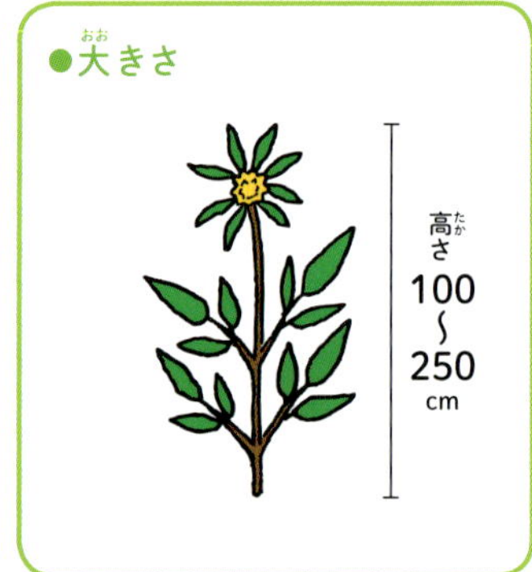

アメリカセンダングサは、在来植物のセンダングサに似ていることから名づけられた外来植物です。水辺や湿地を好み、水田や畑によく生えることが知られています。8〜10月頃、あまり目立たない黄色い花を咲かせます。1920年頃に琵琶湖で確認され、1940年代には奄美大島や沖縄でも確認、その後全国にひろがりました。

どんな被害があるの？

たくさんのとげで「ひっつく」

二またに分かれたとげには、さらに細かいとげがたくさんある。

イヌにも実がたくさんひっつく。

アメリカセンダングサの実は「ひっつき虫」です。実の先には、とげがたくさんあり、服や動物にたくさんひっついて、実にふくまれる種子があちこちへ運ばれます。

Bull Thisytle

アメリカオニアザミ

植物

●分類
キク科アザミ属

●もともとの分布
ヨーロッパ

●日本での分布
北海道、本州、四国

●生えている環境
道ばた、公園、畑、荒れ地など

南西諸島
伊豆諸島
小笠原諸島

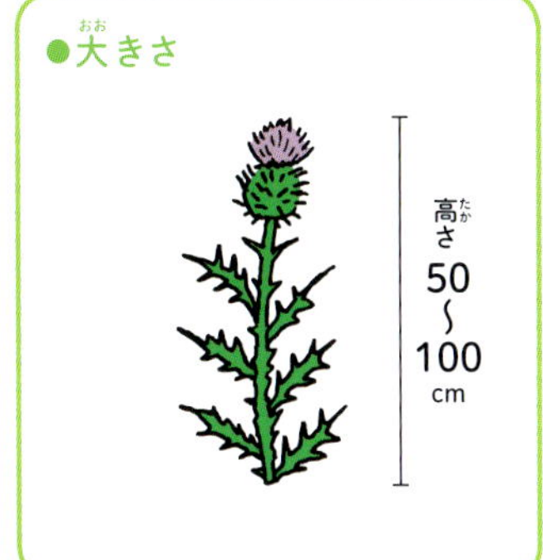

アメリカオニアザミは、在来植物のアザミのなかまに比べると大きく、とげがとても多い外来植物です。6〜9月頃に紫色の花を咲かせ、秋にはたんぽぽのような綿毛のついた種子がたくさんできて、風にのって運ばれます。1960年代に北海道で確認され、その後全国にひろがりました。

どんな被害があるの？

鋭いとげに注意！

アメリカオニアザミは茎や葉など、鋭いとげが全体にたくさん生えています。在来のアザミのなかまにもとげはありますが、アメリカオニアザミほど、とげだらけではありません。このとげは、草食動物に食べられないために役立っています。うっかりさわると、けがをすることがありますので、注意しましょう。

ホテイアオイ

●分類
ミズアオイ科ホテイアオイ属

●もともとの分布
南アメリカ

●日本での分布
北海道をのぞく全国

●生えている環境
沼、湖、河川、水路など

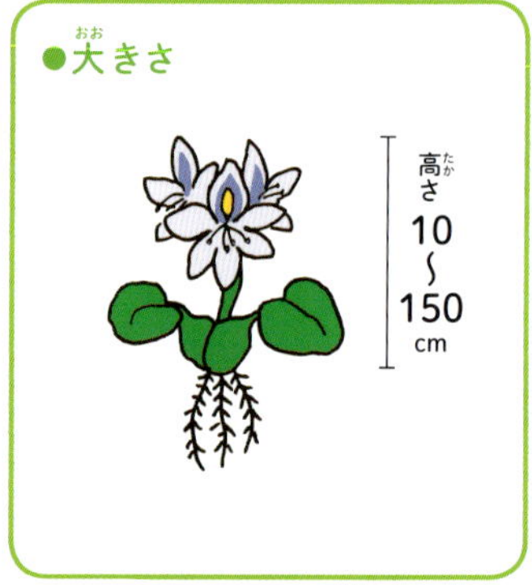

ホテイアオイは「世界で最もやっかいな水草」といわれる外来植物で、水面に浮かんで生長する浮き草です。6〜11月頃に青紫色の花を咲かせ、池のある観光地や、金魚用の浮き草として利用されています。国内へは明治時代に持ちこまれ、1972年に野生化が確認されました。

どんな被害があるの？

水面をおおいつくしてしまう

ホテイアオイはよく増えるので、水面をおおいつくしてしまいます。水面がおおわれると、太陽の光が水中に届かなくなるので、水生植物や水生昆虫に大きな影響が出ます。水中に根をびっしり伸ばすので、船の行き来ができなくなり、漁業ができなくなるなどの影響もあります。

中国の広西自治区ではホテイアオイが2キロにわたって川をおおいつくしてしまい、船の行き来や漁業に影響したことがあった。

Water Lettuce

ボタンウキクサ

●分類
サトイモ科ボタンウキクサ属

●もともとの分布
南アフリカ

●日本での分布
関東～北陸以西の各地

●生えている環境
沼、湖、水田、水路など

ボタンウキクサは英名の「Water Lettuce」の名のとおり、レタスのように水平に葉を広げる浮き草で、1枚の葉の大きさが30センチにもなる外来植物です。5～10月頃に白い花を咲かせますが、小さくて目立ちません。国内へは1920年代に持ちこまれ、1990年ごろから関東より西で急速に増え、定着しました。

大阪の淀川で大発生したボタンウキクサ。

どんな被害があるの？

ホテイアオイをしのぐ増え方

ボタンウキクサは茎や根を伸ばし、そこから新しい株をつくって、どんどん増え、水面をおおってしまいます。水中には光が届かなくなり、酸素が不足し、在来の水生植物や昆虫類、魚類は生きていけなくなってしまいます。水路は船の行き来ができなくなってしまいます。

植物

Brazilian Elodea

オオカナダモ

観賞用、実験用によく利用される水草

●分類
トチカガミ科オオカナダモ属

●もともとの分布
南アメリカ

●日本での分布
本州、四国、九州、八丈島

●生えている環境
沼、湖、河川、水路など

オオカナダモは国内でよく利用されている外来の水草で、5～10月頃に白い花を咲かせます。観賞用に広く流通しているほか、理科の授業の実験にも使われています。国内へは大正時代に持ちこまれ、1940年代に山口県で野生化が確認されました。1970年代には琵琶湖で急に増えて問題になりました。

どんな被害があるの？

ひろがると根絶できない

どんどん増えてしまい、在来の植物の生長をさまたげてしまいます。各地で刈り取って駆除しようと試みていますが、茎の断片から再生するほど増える力が強いので、根絶は簡単ではありません。

Killer Alga

イチイヅタ

侵 観

植物

●分類
イワヅタ科イワヅタ属
●もともとの分布
世界各地の海
●日本での分布
未定着
●生えている環境
海

南西諸島

今後、定着する
おそれあり

伊豆諸島

小笠原諸島

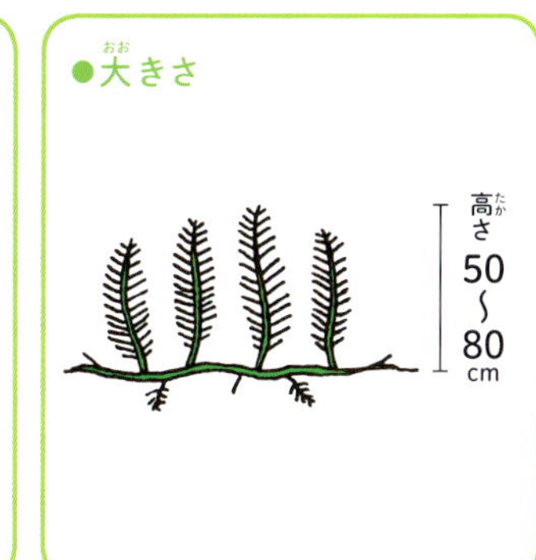

イチイヅタは世界中の海に生える海藻で、日本でも南の海に生える在来植物ですが、外国では問題になっています。栽培していたイチイヅタがなんらかの原因で変異※したのです。変異したイチイヅタは巨大化し、低い水温に強くなり、深い海にも生えるようになりました。さらに毒性が強くなり、ほかの生きものに食べられることがなくなって爆発的に増えました。地中海の広い範囲をおおってしまい、ほかの海藻を枯らしてしまったので「キラー海藻」と呼ばれています。

※変異…遺伝子のコピーがうまくいかず、遺伝情報が書き変わってしまうこと。体のつくりやはたらきが変化してしまうこともある。

どんな影響があるの？

日本でも「キラー海藻」が生まれる？

日本では「キラー海藻」に変異したイチイヅタは今のところ確認されていません。しかし、1980年代以降、イチイヅタの販売や展示が行われているので、いつか「キラー海藻」が現れるかもしれません。

植物

Yellow Flag

キショウブ

●分類
アヤメ科アヤメ属

●もともとの分布
ヨーロッパ〜西アジア

●日本での分布
北海道〜九州

●生えている環境
沼、湖、河川、水路など

キショウブは水辺や湿った場所に生える外来植物です。アヤメのなかまで、5〜6月頃にあざやかな黄色い花を咲かせます。国内へは明治時代に園芸用植物として持ちこまれ、人気が出て各地に植えられました。ビオトープづくりや、水質浄化の目的で植えられることもあります。

どんな被害があるの？

在来のアヤメ類と競合する

キショウブが増えることで、同じアヤメ属で絶滅危惧種のカキツバタなどの在来植物が減ったり、交雑種ができてしまうおそれがあります。

絶滅危惧種のカキツバタ。

外来生物問題への取り組み

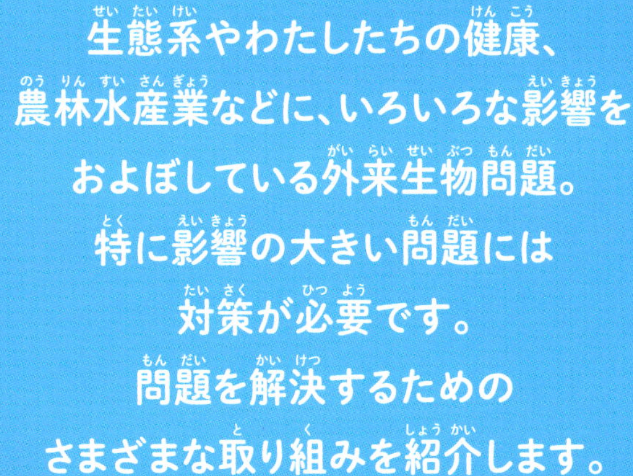

生態系やわたしたちの健康、
農林水産業などに、いろいろな影響を
およぼしている外来生物問題。
特に影響の大きい問題には
対策が必要です。
問題を解決するための
さまざまな取り組みを紹介します。

法律による規制やガイドラインづくり

外来生物問題を解決するためには、法律を制定したり、ガイドラインを作成したりするなど、ルールづくりが必要です。してはいけないことをはっきりさせ、ペナルティを設けることは、問題意識を高め、解決していくための基礎となります。
特に侵略的な外来生物については外国からの輸入を防ぐことが大切です。
ここでは、日本国内でどのような規制がされているか、みてみましょう。

外来生物法

外来生物による被害を防ぎ、在来生物と環境、わたしたちの生命と健康を守り、農林水産業が正しく発展するよう環境省によって定められた法律。2005年6月より施行されました。「特定外来生物」を指定し、その取り扱いを規制しています。

1 特定外来生物を指定

外国から持ちこまれた外来生物のうち、大きな被害をおよぼす、あるいはおよぼすおそれのある種類を指定しています（そのような外来生物を「侵略的外来生物」といいます）。国内へ持ちこまれた時期は、明治時代以降が基準になっています。開国によって外国との貿易が始まり、人と物の行き来がさかんになって、外国から生きものが入ってくる機会が増えたのが明治時代以降だからです。

本書の中ではこのマークを表示しています。

要注意外来生物リスト

環境省は2005年に「要注意外来生物リスト」を作成しました。これは特定外来生物に指定してしまうと、社会に混乱をもたらすおそれがある、あるいは被害の情報が不足している外来生物148種を選んだリストです。「要注意外来生物」は外来生物法で規制されませんが、環境省はその取り扱いに注意するよう、個人や企業に理解と協力を求めました。

※2015年に「生態系被害防止外来種リスト」（109ページ）が公開されると、このリストは使われなくなりました。しかし、リストに選ばれた148種の外来生物に注意が必要なことに変わりはないので、この本のずかんページではマーク 要 を表示しています。

例）アカミミガメ（52ページ）→

2 特定外来生物の取り扱いを規制

飼ってはいけない

飼育・栽培・保管・繁殖の禁止

特定外来生物を新たに飼ったり、栽培したりすることはできません。一時的に保管するのも禁止です。ただし、指定前から飼っていたものは期限までに届け出をすることで続けて飼育・栽培することができますが、繁殖させて増やしてはいけません。

放してはいけない

放出の禁止

特定外来生物を野外に放してはいけません。植物の場合、植えたり、種をまいたりしてはいけません。

移動してはいけない

運搬の禁止

特定外来生物の生きた個体を移動してはいけません。外来生物の分布をひろげないための大切なルールです。

渡してはいけない

譲渡の禁止

特定外来生物を他人に渡してはいけません。渡そうとする人がその外来生物をすでに飼育していても、渡してはいけません。

外国から運んではいけない

輸入の禁止

特定外来生物は輸入できません。日本国内へ外来生物を入れないことが第一です。

- 違反した場合には、懲役や罰金などの罰則があります。
- ずかんページ(26〜104ページ)で紹介した外来生物の多くが、特定外来生物に指定されています。
- もし、特定外来生物ということを知らずに飼育していた場合は、すぐに管理者(たとえば、公園なら管理事務所など)や役所、環境省の地方環境事務所などに連絡して相談しましょう。絶対に野外に放してはいけません。

※もっとくわしいことを知りたい場合は、環境省のウェブサイトにアクセスすると、外来種関連の情報がのっています。特定外来生物のリストも見ることができます。

http://www.env.go.jp

外来生物法 Q&A

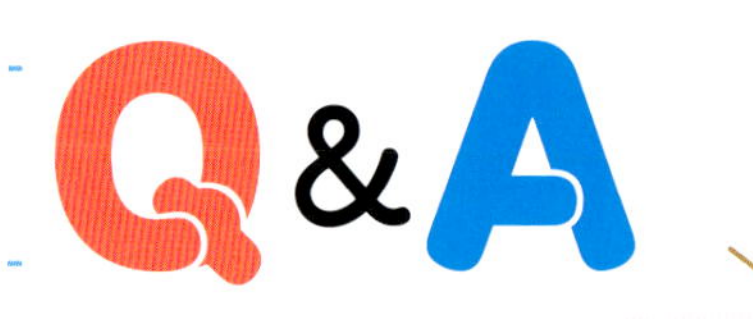

どんな場合に
外来生物法違反になるのでしょうか。
いくつか考えてみましょう。

Q 届け出をして飼育していたカミツキガメが、大きくなって飼いきれなくなりました。公園の池に放して、自然に帰してあげてもいい？

A 違反です。「自然に帰す」と聞くといいことのように思えますが、そうではありません。そこにいなかった生きものを放すことはさまざまな問題を起こす、無責任な行動です。それが、外来生物問題のひとつの原因になっているのです。飼育している生きものは最後まで責任をもって飼わなければなりません。それが特定外来生物であれば、人に渡すことも禁じられていますので、代わりに友達に飼ってもらうこともできません。どうしても飼えないなら処分しなければなりません。そのようなかわいそうなことにしないためにも、生きものを飼いたいと思ったときには、世話にかかる手間や費用、どのくらい大きくなるか、寿命はどれくらいかなどをしっかりと調べ、飼うかどうかを決めましょう。

Q 釣りをしていたらオオクチバスが釣れたけど、家に持ち帰れる？

A 違反です。オオクチバスは特定外来生物に指定されていますので、生かしたまま持ち帰ることは、禁止されている「運搬」にあたります。その場で放すか、死んでいる状態で運ぶのであれば違反にはなりません。ただし、外来生物法ではなく都道府県の条例によって、その場で放すことも禁止されている場合がありますので、注意しましょう。

Q 特定外来生物に指定された外国のトカゲを飼っているけど？

A 特定外来生物指定の際に、定められた期限までに飼育の届け出をしていれば問題ありません。逃がさぬよう、放さぬよう、最後まで責任をもって飼育してください。飼育の届け出をしていない場合は、まず役所に相談してください。

Q 飼っているアカミミガメが特定外来生物に指定されると聞いたので、指定される前に公園の池に放したら？

A 飼っている生きものが特定外来生物に指定されても、定められた期限までに届け出をすれば続けて飼育できます。外国の生きもの、国内の生きものに関わらず、本来すんでいない場所へ生きものを放せば、大なり小なり、影響が出てきます。生きものは野外に放さないようにすることが大切です。ちなみに、ほ乳類と鳥類、は虫類を捨てることは動物愛護法違反になり、罰金が定められています。

生きものは最後まで責任をもって飼おう！

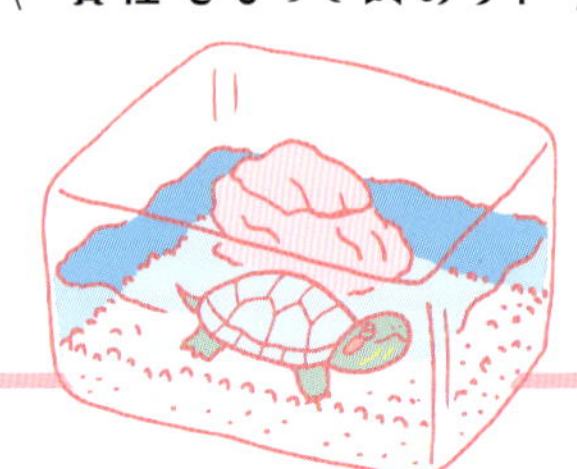

生態系被害防止外来種リスト

どんなリスト？

要注意外来生物リスト（106ページ）は基準がわかりにくく、規制もなく、対応がしにくいという課題がありました。結果として、外来生物の問題や正しい対応について、社会になかなかひろまりにくかったのです。また、島に放されたニホンイタチ（40ページ）など、深こくな影響があっても、国内由来の外来生物は選定されていませんでした。このような課題を解決し、外来生物問題を広く多くの人々に知ってもらうため、新たに「生態系被害防止外来種リスト」が作成されました。

バージョンアップ！

リストの特長

- 現在の状況、影響の程度、ひろがる可能性などを専門家が総点検してリストアップ
- 正しい取り扱いと管理をしてもらうよう、外来生物を取り扱ううえでの注意が書かれている
- 明治時代以前に日本に持ちこまれた外来生物も対象にしている
- 外来生物法では対象外の、国内由来の外来生物も対象にしている
- 被害の状況や程度に合わせた対策がしやすいように情報が整理されている
- 外来生物法とは異なり罰則はない

このリストには特定外来生物に指定されている外来生物や、旧要注意外来生物リストで指定されていた外来生物もふくまれています。

リスト上の外来生物の区分け

侵 侵入予防外来種
侵入を防ぐべき外来生物を指定

定 定着予防外来種
現在、未定着だが、定着を未然に防ぐべき外来生物を指定

緊 緊急対策外来種
緊急で対応しなければならない外来生物を指定

重 重点対策外来種
重点的に対応しなければならない外来生物を指定

産 産業管理外来種
産業上、役に立つため利用されているが、逃げ出さないように取り扱いをきちんと管理しなければならない外来生物を指定

総 そのほかの総合対策外来種
すでに定着しているが、被害をなくす、あるいは軽くするべき外来生物を指定

さまざまな防除方法

特定外来生物などの侵略的な外来生物による、
生態系や人の生命と健康、農林水産業への影響をできるだけ少なくするため、
外来生物を駆除したり、侵入や定着、ひろがることを防いだりすることを「防除」といいます。
環境省や自治体（都道府県や市町村）の依頼を受けた専門会社やNPO、漁業者、
環境保全に取り組む団体や個人のボランティアなどが、
許可を受けて防除作業に取り組んでいます。

直接とらえる防除

外来生物を直接とらえる取り組みです。ここでは、釣りから、漁業で使うような大型の網まで、おもに水中の外来生物を防除する方法を紹介します。わなではとれない大型の魚類を捕獲するのにも向いています。

1 釣り

外来魚を直接釣ります。
わなでは捕獲しにくいオオクチバスなどの大型の魚を捕獲するのに有効です。

この公園では釣り禁止なので、外来魚防除の許可を得たうえで、竿を使わずに手釣りしている。

2 さで網など

網で獲物をすくって捕獲します。
小魚が浅場にたくさん集まっているような状況で有効です。

さで網は柄がついていない大きめの網。直接手で持って獲物をすくったり、網の中に追い込んだりして使う。柄がついている、たも網や長い棒で吊り下げる四手網など、いろいろな形や使い方の網がある。

3 底引き網など

漁業で使われる巨大な網。
準備も扱うのもたいへんですが、うまくいけば
一度に多くの獲物をとることができます。

池の底に大きなゴミが多いとうまくいかないなど、条件を選ぶ。水底の環境にダメージを与えるので、使ってよいかどうかは慎重に検討する。

4 投網

数メートル先の水中にいる生きものを、
網を投げてとらえます。

仲間と協力し、網の近くに生きものを追い込んだうえで網をうつと効果的に捕獲できる。

5 電気ショッカー船

水中に強い電流を流すと、魚が気絶して
浮かんできます。浮かんだ魚のうち外来魚を、
網ですばやく捕まえます。

電流は狭い範囲にしか流れないので、船でまんべんなくまわって、作業する必要がある。

6 袋網

袋状の大きな網に、
外来生物を追い込み捕まえます。

追い込んで袋網にとらえたカナダガンの群れ。

わなでとらえる防除

動きがすばやいもの、警戒心が強いものなど、直接捕獲するのが難しい外来生物は、わなを仕かけて捕獲すると効果的な場合があります。外来生物だけでなく、在来生物もわなにかかってしまうことを考えて、わなのつくりや仕かけかたを工夫する必要があります。ここでは、よく使われているわなの一部を紹介します。

かご網（スプリングタイプ）

網の中にエサを入れて水中にしずめておき、生きものをおびきよせます。網の中に生きものが入ると、出にくいつくりになっています。

かご網（ドーム形・しゃ光タイプ）

光をさえぎるつくりのかご網です。暗いかげを好む魚やザリガニなどを捕まえるのに効果があります。

オダ網

しずめておくだけでブルーギルなどが集まる網。エサは必要ありません。すばやく引き上げることで捕まえることができます。石や木の枝に魚が寄ってくる習性を応用した網です。

4 日光浴わな

カメが日光浴する習性を利用したわな。日光浴しようとやってきたカメが、わなの内側の水中に入ると、上がることができずに捕まる仕組みです。

5 かごわな

マングース捕獲用のわな。中にエサを入れておき、おびきよせられたマングースが中に入って板を踏むと、ふたが閉じて出られなくなる仕組みです。

6 アノールトラップ

グリーンアノール捕獲用のわな。グリーンアノールが中に入ると、粘着テープに貼りついて動けなくなります。グリーンアノールがよく木に登る習性を利用したわなです。

7 人工産卵床

水中にしずめておいて、ブラックバスやブルーギルに産卵させ、卵がかえるまえに引き上げてしまうことで防除するわな。外来魚の数が増える前に防ぐ方法です。

このように、それぞれの外来生物の習性に合わせたわなが使われています。

かいぼりによる防除

「かいぼり」とは池や井戸などの水を抜いて、底をかわかすことです。池の底にたまった泥を日光にあてることで、水を戻した後に水質が良くなります。昔から水質改善を目的として農業用に行われてきましたが、最近は公園の池などで外来生物を防除するために行われることも多くなりました。漁やわなでの捕獲は外来生物が増えることとの競争であり、なかなか解決できませんが、かいぼりによって水を抜けば、一気に防除を進めることができます。水が減ったところで生きものをすべて捕まえ、在来生物と外来生物に仕分けし、避難させておいた在来生物だけを水を入れた池に戻します。（→事例は116ページ）

市民の参加をよびかけ、自治体とNPO、市民が一緒に取り組んでいる。

池の水を抜き、水が少なくなったところで生きものを捕獲する。

捕まえた生きものを在来生物と外来生物に仕分けする。

どこの池でもアメリカザリガニが多い。

知ってもらうための取り組み

外来生物問題では、すでに定着してしまった外来生物を防除することも必要ですが、生きものを捨てたり放したりしないよう、問題とそれを防ぐためにどうしたらいいかを広く多くの人たちに知ってもらうこと（教育普及活動）が大切です。外来生物問題について知ってもらうことは問題を未然に防ぐことにつながるからです。外来生物が増えてしまってからでは、解決するのにたいへんな労力と費用、時間がかかりますが、問題が起きる前に防げれば、はるかに楽で効果が大きいのです。外来生物防除の現場や環境関連のイベントなどで、捕獲した生きものを展示しながら、環境省や自治体、NPO、市民団体などが普及活動（知ってもらうための解説）に取り組んでいます。

子どもたちに防除活動を体験してもらい、生きものに触れながら問題を実感してもらうこともある。

環境省ではぬいぐるみやチラシ、いろいろなカメの写真カードなどグッズを作り、飼育しているアカミミガメを野外に放さず、最後まで責任をもって飼い続けることをよびかけるキャンペーンも行っています。

アカミミガメの実物大のぬいぐるみは「かめぐるみ」と呼ばれる。

外来生物防除 活動レポート

井の頭公園の池のかいぼり

2014年と2016年、東京の吉祥寺にある井の頭恩賜公園で「かいぼり」が行われました。公園にある大きな池（井の頭池）の水が抜かれ、公園を管理している東京都の職員や外来生物防除のNPO、環境保全活動に取り組む団体や多くの市民ボランティアによって、池の生きものがいっせいに捕獲されました。その後、しばらくの間、池は天日干しされました。この「かいぼり」の目的はおもにふたつ。ひとつは井の頭池の水をきれいにすること。そして、もうひとつは井の頭池ですっかり増えてしまった外来生物の防除です。井の頭池の外来生物問題とはどのようなものなのでしょうか？

カイツブリのくらしに異変が！

井の頭池にはカイツブリという水鳥がすんでいます。カイツブリは小さな水鳥で、水中にもぐって魚やエビなどを捕らえ、食べてくらしています。水生植物の茎の間や、水面にたれた木の枝の先などに浮き巣をつくって子育てします。

カイツブリは水面にたれた木の枝先に落ち葉などを集め、浮き巣をつくる。浮き巣には天敵が近づきにくい。

カイツブリのひなは生まれてすぐに泳ぐことができるが、何かあるとすぐに親鳥の背中にもぐりこんで隠れる。親鳥がひなを背中に乗せて泳ぐ姿はとてもかわいらしい。

井の頭池では2006年頃からカイツブリのくらしがおかしくなりました。次第に子育てがうまくいかなくなり、ついには子育てそのものをやめてしまったのです。いったい何が起こったのでしょう？

池の中が外来生物だらけに

カイツブリがおもに食べる在来魚のモツゴ。

カイツブリが子育てをやめてしまったのは、十分にエサが捕れなくなったからでした。今まで食べていたモツゴ（クチボソ）やスジエビなどの在来生物が池の中でとても少なくなっていたのです。その原因は外来生物の増加にありました。

井の頭公園で自然観察会を毎月開催している市民団体「井の頭かんさつ会」が調べたところ、いつの間にか、池の中はオオクチバスやブルーギルなどの外来魚だらけになっていることがわかりました。

とれた魚のほとんどが外来魚のブルーギルだった。

浅場に集まっているブルーギルを、さで網でとらえる。

池の状況をくわしく調査するため、許可を得て池の生きものをとれるだけとってみたところ、驚くべきことに捕獲した魚のほとんどが外来魚でした！　在来魚は外来魚に食べられてしまい、いちじるしく減ってしまっていたのです。

在来魚を食べてくらしているカイツブリは、外来魚のブルーギルを食べるのに適した体のつくりになっていません。また、ブルーギルの動きは速く、在来魚に比べて捕まえにくいということもカイツブリにとっては不利でした。さらに、池は年々汚れていき、水中の生きものが見えにくくなっていて、食べものを捕るのがますます難しくなっていったのです。エサが不足しては子育てはできません。カイツブリのひなが、大きなオオクチバスに丸のみされてしまったことさえありました。

今までのように、カイツブリがふつうに子育てできる池の生態系を取り戻したい……井の頭かんさつ会は各地で外来生物防除に取り組んでいるスペシャリスト、「認定NPO法人 生態工房」の指導を受け、協力しながら外来生物の防除に取り組みました。同じように外来生物防除に取り組んでいるほかの団体の活動を見学したり、井の頭池での活動に参加してもらったりしながら防除を続けました。

季節によって増減はあるが、ブルーギルがバケツいっぱいとれることがずっと続いた。

在来魚のモツゴ。大きなサイズばかりなのは、外来魚によってモツゴの卵や稚魚が食べられてしまっていることを示している。

そして、かいぼり実施へ

会では活動に参加してくれるボランティアを増やし、いろいろな漁法を研究し、道具を工夫し、外来魚をとり続けました。しかし、防除を続けても効果は限られました。一時的に外来魚を大きく減らすことができても、繁殖期にまた増えてしまうのです。ある年は10万匹も防除しましたが、その翌年も5万匹がとれました。そして、その翌年は再び7万匹がとれるといった具合でした。生物は数が大きく減ると、逆に繁殖力が強くなることがあります。これでは、外来生物はなかなか減らず、在来生物も増えません。

会では、問題を解決するためにはもはや「かいぼり」しかないと考え、公園を管理している東京都西部公園緑地事務所や、一緒に活動している生態工房、ほかの市民団体などと共に「井の頭外来生物問題協議会」を作り、何年も協議を毎月くりかえしました。それらの結果、3回のかいぼりが実施されることが決まりました。

そして2014年冬、井の頭池の1回目のかいぼりが実施されました。行政と企業、NPO、市民が力を合わせて、池の生きものを捕獲しました。2日間で約2万匹の生きものを捕獲し、在来生物と外来生物とに仕分けしました。池の水を戻すまでの間、在来生物は動物園などに一時避難させて保護しました。

かいぼりでは釣りやわなによる防除ではなかなかとれない大型魚などを大量に捕獲できた。

全長1メートル以上のアオウオもとれた。中国原産の外来魚で貝類や水生昆虫などを食べる。

よみがえった井の頭池

水を戻した池に、かいぼりの効果が現れました。池の水はすみ、日光が池の底まで届くようになったことで、池の底でずっと眠っていた種子が目覚め、水生植物が生えてきました。

かいぼりによってコイやソウギョ、アカミミガメなどの外来生物を防除したことで、今までそれらに食べられてしまっていた水生植物がきちんと育つようになりました。水生植物は水中の窒素やリンなどの養分を吸収しながら生長するので、たくさん増えると、余分な養分を吸収し、植物プランクトンが増えすぎないようおさえるはたらきがあります。その結果、水をきれいに保つことができるのです。

池にはツツイトモという絶滅危惧種の水草も生えてきて、関係者をおどろかせました。

きれいになった池にカイツブリが戻ってきました。オオクチバスやブルーギルなどの外来生物を防除したことで、モツゴなど、カイツブリが食べる在来生物が豊富になり、さらに水がきれいになったことで、捕りやすくなりました。そして、3ペアのカイツブリが子育てに成功し、12羽のひなが無事に巣立ちました。これだけの数のひなが巣立ったのは、じつに10年ぶりのことでした。外来生物の影響でこわされてしまった池の生態系を回復し、カイツブリが子育てできる環境を取り戻すことができたのです。

水が抜かれた井の頭池

2016年に実施した2回目の「かいぼり」では、絶滅危惧種のツツイトモが池の広い範囲にたくさん生えてきて、池の風景が一変しました。カイツブリの浮き巣にも、巣材として水草が使われていることが確認されました。また、井の頭池ではすでに絶滅したと思われていたイノカシラフラスコモという水草が60年ぶりに復活するなど、多くの成果を得ることができました。

2回のかいぼりでは多くの成果を得ることができましたが、79ページでも紹介したように、今までアメリカザリガニを食べていた外来生物を防除したことで、かいぼり後にアメリカザリガニが爆発的に増えて、その防除に追われるという課題も出ています。これは、かいぼりのように大規模な防除活動をもってしても、外来生物問題が簡単には解決できないことを示しています。

井の頭恩賜公園では、2回目のかいぼりの後の井の頭池と生きものの変化を調査しながら、3回目のかいぼりに向けての準備を進めています。

60年ぶりに生えてきたイノカシラフラスコモ

子育て中のカイツブリ。浮き巣に水草が使われている。

外来生物問題を防ぐには

外来生物問題への取り組みとして、さまざまな防除活動を紹介しましたが、
問題を解決するためには長い期間と大きな労力、多くの費用がかかります。
また、在来生物と生態系、わたしたちの安全や財産を守るためとはいえ、
侵略的な外来生物については、その生命を犠牲にしなくてはなりません。
そのような不幸をできるだけ少なくするためにも、問題が起きる前に予防することが大切です。
環境省では外来生物問題を予防するための三原則を定めています。

外来生物被害予防三原則

入れない

悪影響をおよぼすおそれのある外来生物を国外から（在来生物でも国内のほかの地域には）入れない。

捨てない

飼育・栽培している外来生物はしっかり管理し、野外に捨てたり、逃がしたり、放したりしない。

ひろげない

すでに野外に定着している外来生物の分布をそれ以上ひろげない。

わたしたちにできること

外来生物問題を解決するため、わたしたちにもできることがあります。
それは、環境省の外来生物問題予防三原則にもある、飼っている生きものを「捨てない」ことです。

飼うなら、よく調べて計画的に

ある生きものを飼いたいと思ったら、最後まで飼いきれるかどうか、その生きもののことをよく調べたうえで飼うかどうかを決めましょう。知っておくべきことは、寿命がどれくらいか、どのくらい大きくなるか、人になつくかどうか、世話する手間や費用がどれくらいかかるかといったことです。

たとえば、「ミドリガメ」として売られているアカミミガメは、小さいうちはおとなしく、かわいらしいですが、成長すると20～30センチにもなり、気性も荒くなります。世話をするにはエサを与える以外に、水そうの水かえも必要です。アカミミガメの寿命は約40年といわれますので、小学生の時に飼い始めたカメを、結婚して子どもができ、その子どもも結婚して孫ができてもまだ、飼い続けなければならないかもしれません。

飼っている生きものを絶対に捨てない

飼っている生きものを野外に捨てることは絶対にやめましょう。アライグマやアカミミガメなど、問題を起こしている外来生物の多くが、捨てられたペットです。捨てることが罪になる特定外来生物はもちろん、特定外来生物に指定されていない生きものであっても、野外に放せば必ず影響があります。飼っている生きものは、責任をもって最後まで飼い続けましょう。それができないなら、その生きものを処分しなければなりません。そのような、かわいそうなことにしないためにも、飼う前に慎重に考えましょう。

外来生物を見つけたら

わたしたちの身のまわりには外来生物が多いので、よく出会うことがあります。
なかでも、特定外来生物など、侵略的な外来生物を見つけた時にはどうしたらいいでしょうか。

生きたまま持ち帰らない

特定外来生物は外来生物法によって取り扱いが規制されていますので、不用意に捕まえないようにしましょう。まずは、その場所の管理者（たとえば公園なら管理事務所など）や役所に状況を連絡し、相談してみましょう。

釣りをしていて、特定外来生物に指定されている魚が釣れてしまった場合は、生きたまま持ち帰ることはできません。ただ、その場で魚をしめたうえで、持ち帰るなら違反にはなりません。また、原則的にその場で放せば違反にはなりませんが（キャッチ・アンド・リリース）、外来生物法とは別に、都道府県の条例でキャッチ・アンド・リリースが禁止されている場合がありますので、よく調べておきましょう。

移動して放さない

捕まえた特定外来生物をほかの場所へ移動して放すことは違反になります。

同じ河川や湖沼に放す場合でも、近くの道路まで移動すると違反になりますので、注意しましょう。

防除活動に参加してみよう

最近は身のまわりの公園や川などでも、外来生物の防除活動が行われる機会が増えました。なかにはボランティアが参加できる活動もありますので、活動に興味があれば、実施している団体に問い合わせてみましょう。活動を見学したり、参加したりすることで外来生物問題について深く学べ、良い経験になるでしょう。

かいぼりでは保護した在来魚を運ぶなど、小学生も大活躍。

セイタカアワダチソウなどの外来植物の防除活動。大人も子どもも一緒に取り組んでいる。

生命について考えよう

外来生物、特に侵略的な外来生物はさまざまな問題を起こしますが、問題の原因は人間が運んできて、放したことにあって、生きものに罪はありません。それでも、侵略的な外来生物が起こしている問題を放っておくことはできませんので、やむを得ず防除しなければなりません。

とらえた外来生物の一部は動物園などの施設で管理し、飼育することもありますが、施設で飼育できる数には限りがあります。飼育しきれないものは処分しなければなりません。処分はできるだけ生きものが苦しまないような方法で行いますが、そのような悲劇はできるだけ少なくしたいものです。

外来生物の防除を、「悪い生きものをやっつけること」などと決して誤解しないでください。防除に関わる人たちは、生命をうばわれた生きものたちに手を合わせながら取り組んでいます。わたしたちの生活と自然を守るためとはいえ、罪のない生きものを防除するのは悲しいことだからです。

悲劇をくりかえさないためにも、欲しいという気持ちだけで無計画に生きものを飼い始めたり、飼っている生きものを放したりしないようにしましょう。

外来生物を供養している団体もある。

特別協力

佐藤方博(認定NPO法人生態工房)
草刈秀紀(WWFジャパン)
大野正人・辻村千尋(日本自然保護協会)
田中利秋(井の頭かんさつ会)
栗山武夫(兵庫県立大学 自然・環境科学研究所)

写真クレジット

上野真太郎(p51上)、加藤ゆき(p49上、111右下)、環境省外来生物対策室(p12下、53右下、72右下、73下左右、74下、76左下、97下、101メイン、113右上・左下)、環境省奄美自然保護官事務所(p39右下以外)、関西野生生物研究所(p20上、27下3点)、国立科学博物館(p41中右)、国立環境研究所(p81左下)、さとうあき(p51左下)、白井啓(p30下)、白鳥大祐(p31下)、高久晴子(p67右下・下中)、高田昌彦(p63左下)、高野丈(p9、14下右、17上、27右上、29上、37左上以外、39右下、41右上2点・中左、43上・右下、44上、46上、48上、52上、53左下、54上・右下、62右下、66上・右下、69右下、71左下、79右下、84-85、89中右・下2点、90上、92、95左下、99、104上、105、110、111右下以外、112、113右下、114、115左上、116-119、120上下、124左上)、津村一(p41左上)、東京都西部公園緑地事務所(p120中)、葉山久世(p49右下)、兵庫県東播磨県民局(p113左上)、PIXTA(p20下)、フォトライブラリー(p16下、17下、18上、19下、26下、32左下、46左下、48下、49左下、58右下、66左下、71右下、82右下、88、89上、90右下、97上、100上、101下)、藤田卓(p38下)、藤森秀一朗(p63右下)、AAAホームサービス株式会社(p37左上)、George Chernilevsky(p81上)、Jefferson Heard(p56下中)、認定NPO法人生態工房(p19上、51右下、52下、115左上以外、124左上以外)、Sarefo(p33左下)、Tim Ross(p83左下)

[ネイチャープロ/アマナイメージズ] 阿部正之(p81右下)、飯島正広(p32上・右下)、飯村茂樹(p42下、58左下、64右下、79右上、87左下・右中、96下、98下左)、石田光史(p28右下)、井田俊明(p43左下、50上)、今井悟(p14下左)、今井初太郎(p64上)、今森光彦(p13上、76上)、内山りゅう(p64左下)、江口欣照(p47上)、遠藤徹(p68下、69上)、大塚高雄(p16上、79上中・左下)、尾園暁(p18下、38上、56上・下左右)、亀田龍吉(p91上)、川邊透(p12上右)、草野慎二(p54下左)、香田ひろし(p87下中)、小宮輝之(p30上)、笹生和義(p61左下)、佐藤明(p36)、ジャパック(p104下左)、新海栄一(p76下右)、杉山一夫(p89中左)、関慎太郎(p55右下、59上、77右下)、高橋孜(p15下、87上中、90左下)、武田晋一(p11左上、78、79上左、102下)、田中正秋(p50下)、筒井学(p71上)、中川雄三(p44下)、永幡嘉之(p67左下)、埴沙萠(p94下、98下右)、平井伸造(p68上)、平野隆久(p87左上・左下、98上)、福田豊文(p28中)、福田幸広(p57左下)、増田戻樹(p79下中、86上、102上)、松木鴻諮(p40上)、松沢陽士(p20中、65、77上)、松本克臣(p67上)、丸尾直也(p93上)、湊和雄(p70下)、柳澤牧嘉(p87右上・右下)、矢部志朗(p72上)、山田隆彦(p13下、93下、94上、95上)、山本典暎(p82上・左下)、山梨勝弘(p95下)、AID(p104下右)、Alan & Sandy Carey(p27中左)、Alex Mustard/NPL(p61右下、62左下)、BERNARD CASTELEIN/NPL(p31上)、Clément Philippe/NPL(p34右下)、Dade Thornton/Science Source(p55上)、Dan Suzio/Science Source(p59下)、Daniel Heuclin/NPL(p55左下、57上・右下)、Dave Bevan/NPL(p29右下)、Dave Watts/NPL(p34上)、David Tipling/Minden Pictures(p47下)、ER Degginger/Science Source(p11右上、12左上、58上)、Flip Nicklin/Minden Pictures(p29左下)、Gakken(p83右下、91下、96上)、Gary Meszaros/Visuals Unlimited, Inc.(p61左下)、Jean-Paul Ferrero/AUSCAPE(p60右下)、Jef Meul/NIS(p11右下)、Jim Frazier(p60左下)、John Holmes/FLPA(p42上、45下)、Juan Manuel Borrero/NPL(p61上)、Larry Miller/Science Source(p10左)、Lida Van Den Heuvel/Foto Natura/Minden Pictures(p72左下)、Loic Poidevin/NPL(p27上左)、Mark Moffett/Minden Pictures(p74上)、Martin Hale/FLPA(p45上)、Martin Woike/NiS/Minden Pictures(p14上)、Maslowski/FLPA/Minden Pictures(p63上)、Michael Durham/Minden Pictures(p75下)、Mike Lane/FLPA Minden Pictures(p80上中)、Scott Leslie/Minden Pictures(p75上)、MIXA.(p77左下)、NHPA/Photoshot(p15上、28上、70上)、Loic Poidevin/NPL(p35左下)、officek/a.collectionRF(p33下右)、Otto Plantema/Minden Pictures(p35右下)、Pete Oxford/NPL(p60上)、Phil Degginger/Science Source(p62上)、Philip Friskorn/NiS/Minden Pictures(p53上)、PHOTOSHOT(p73上)、Reinhard Hö/imagebroker(p33左下)、Reinhard Hölzl/imageBROKER(p10右)、Roberto Rinaldi/NPL(p103)、Rod Williams/NPL(p46右下)、Rolf Nussbaumer/NPL(p26上)、Sebastian Kennerknecht/Minden Pictures(p35上)、Theo Allofs/NPL(p11左下)、Tony Phelps/NPL(p83上)、Yva Momatiuk & John Eastcott/Minden Pictures(p34左下)、ZUMA PRESS(p80左下、100下)

おもな参考文献

『外来種ハンドブック』村上興正・鷲谷いづみ監修(地人書館)
『日本の外来生物』自然環境研究センター編著、多紀保彦監修(平凡社)
『日本にすみつくアライグマ』三浦慎悟監修(金の星社)
『外来生物最悪50』今泉忠明著(ソフトバンククリエイティブ)
『外来生物が日本を襲う!』池田透監修(青春出版社)
『クワガタムシが語る生物多様性』五箇公一著(集英社)
『色で見わけ 五感で楽しむ野草図鑑』高橋修著(ナツメ社)
「日本の外来種対策」環境省
「侵入生物データベース」国立環境研究所

さくいん

●ほ乳類 ●鳥類 ●は虫類 ●両生類 ●魚類 ●昆虫類 ●クモ類 ●甲かく類 ●貝類 ●植物

※赤色のページには、ことばの説明が書かれています。

監修者　五箇公一（ごかこういち）

1965年富山県生まれ。国立環境研究所生態リスク評価・対策研究室室長。1990年京都大学大学院昆虫学専攻修士課程修了、同年宇部興産株式会社農薬研究部に入社。1996年京都大学博士号（論文博士）取得（農学）、同年国立環境研究所入所。主な研究分野は保全生態学で、外来生物や化学物質による生物多様性への影響評価を進め、マスコミを通じての普及啓発活動にも力を入れている。趣味は生きものをCGで描くこと。著書に『クワガタムシが語る生物多様性』（集英社）がある。

編著者　ネイチャー＆サイエンス

自然科学、特に生きものを得意分野とする企画制作集団。著名自然写真家や各分野を代表する研究者とのつながりを活かし、美しいビジュアルを多用し、科学的な裏付けを重視したモノづくりを心がけ、図鑑、写真集、一般書を数多く手がける。『きらめく甲虫』（幻冬舎）、『ぱっと見わけ 観察を楽しむ野鳥図鑑』（ナツメ社）、『へんな生きもの へんな生きざま』（エクスナレッジ）など。

イラストレーター　ひらのあすみ

イルカと泳ぐことが大好きなイラストレーター。高校時代から島へ一人旅をしたり、大自然との触れ合いからインスピレーションを受けて作品制作をする。『クラゲすいぞくかん』（ほるぷ出版）、『グリーンパワーブック 再生可能エネルギー入門』（ダイヤモンド社）、日本絵本賞を受賞した『ゆらゆらチンアナゴ』（ほるぷ出版）などのイラストを手がける。

外来生物ずかん

2016年11月20日　第1刷発行
2024年 4月22日　第4刷発行

監　修　五箇公一
編　著　ネイチャー&サイエンス（高野丈）
イラスト　ひらのあすみ
発行者　中村宏平
発　行　株式会社ほるぷ出版
〒102-0073　東京都千代田区九段北1-15-15
電話 03-6261-6691　FAX 03-6261-6692
印　刷　共同印刷株式会社
製　本　株式会社ブックアート

ISBN978-4-593-58749-0/NDC460/128P/277×210mm

Printed in Japan

ブックデザイン　西田美千子